一次産業の課題解決へ
地域IoT

農業、林業、畜産業、水産業
から始まる街づくりへの挑戦

テレコミュニケーション編集部 編
NTT東日本・NTTアグリテクノロジー 監修

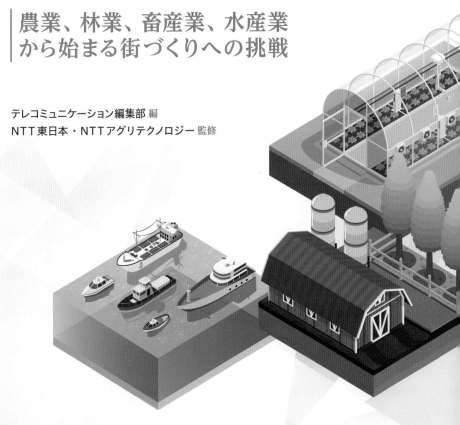

リックテレコム

目次　　　　　　　　Contents

Interview

次世代農業ビジネス経営に向けて
需要に応える生産で儲かる農業へ

日本総合研究所　三輪 泰史 氏

インタビュー

次世代農業ビジネス経営に向けて
需要に応える生産で儲かる農業へ

日本総合研究所　三輪 泰史 氏

「農業再生による地域活性化」「IoT や AI を活用した先進農業技術の事業化・導入支援」を進めてきた日本総研三輪泰史エクスパートは、いち早く「次世代農業ビジネス」を提唱した研究者でもある。三輪氏は、農業は「儲かる農業」に向けて「次世代農業ビジネス」への変革が始まっており、IoT をはじめとした最新のテクノロジーの活用と農業者の経営能力、マネジメント力が鍵を握っていると指摘する。

三輪 泰史 (みわ やすふみ) 氏
日本総合研究所　創発戦略センター
エクスパート

東京大学大学院農学生命科学研究科農学国際専攻修了。農林水産省の食料・農業・農村政策審議会委員をはじめ、中央省庁等の有識者委員を歴任。主な著書に『アグリカルチャー 4.0 の時代 農村 DX 革命』『IoT が拓く次世代農業』『次世代農業ビジネス経営』『グローバル農業ビジネス』（以上、日刊工業新聞社）、『甦る農業』（学陽書房）など。

転換期に入った日本の農業

—— 日本の農業の現状について、どのようにお考えですか。

　日本の農業は、1990年に農業総産出額11.5兆円を記録したあと下がり続け、2010年には8.1兆円まで落ち込んだのですが、さまざまな農業のテコ入れ策が行われ、2016年からは9兆円台に戻り、上向いてきているという状況があります（図表1「農業総産出額の推移」）。

　輸出の促進、生産の効率化、高付加価値品目へのシフト、畜産物の伸び、ブランド野菜・ブランド果物などが主な要因です。単価が高いヒット商品が各地で生まれてきています。インバウンド効果などもあります。国内・海外を含めて、消費者の需要に応えた生産の進展で伸びてきたという意味で明るい兆しが出始めているというところです。

—— 高齢化・後継者不足などの話題が多い印象ですが、前向きな変化
　　が起きている。

　ここ3年から5年は日本の農業が大きく変わりつつある転換期にあると思っています。一方で、以前から指摘されてきた諸課題を個別の指標で見ると、かなり厳しい状況になっています。

　私は日本農業の課題を、次の三点、高齢化・後継者不足、遊休農地、そしてマーケティング力に整理して考えています。それぞれが関連しているわけです。

　一番目に、農業就業人口は1990年は約482万人でしたが2019年で約168万人になっており、さらに減少が続いています（図表2「農業就業人口および基幹的農業従事者数」）。弊社の試算では2035年に100万人になってしまう（図表3「農業の担い手の推移予測」）。農業就業者の平均年齢は2019年で67歳と高齢化しており、65歳以上の人が約70%を占めています（図表2）。

　二番目に、遊休農地の面積が右肩上がりに増えています。高齢化とリンクしていますが、遊休農地とか荒廃農地がどんどん増えてしまっていることです。やはり日本の農業全体で見ると厳しい局面が続いているということです。

　三番目は、マーケティングです。今までは何となく市場に出せば良

かった。いくら振り込まれるのかなと思ったら、経費を引かれたらほぼ
ゼロ円だったみたいな感じでしたが、今はそういう時代ではないです。
きちんと農業経営を行わなければならないという課題です。

—— こうした諸課題に対して様々な取り組みが行われ、ようやく成果
　　が見え始めているという段階なのですね。

　そうです。一番目の高齢化という点ですが、やはり高齢の方々が今後
リタイアされていくという流れは待ったなしですし、抗いようがないこ
とですので、いかにスムーズにソフトランディングにしていくかという
のが、政策的に大事なところになってきます（図表4「農業就業人口予
測」）。特に農業を続けたいけど人手が足りないとか、体が言うことを効
かなくなってきたとか、そのような方々が最後までライフワークとして
農業をやっていただけるようなことが、今、一番重要な部分かなと思い
ます。

　後継者という点では、若手・中堅の方々もしくは企業が入ってきて、
成功事例を出してきているところです。農業法人数は2万台が続いてい
て、2019年の最新データでは、2万3千社を超えて、増えています（図
表5「農産物の生産を行う法人組織経営体数」）。また企業が農業に参入
する事例についても2009年の自由化以来、427件から右肩上がりで増え
2018年には約3200件を超えるくらいになっています。農業はうまくや
れば儲かるんだと分かり、成功事例が全国に出てきています。産業とし
ては盛り上がってきていると思います。こうした動きとは離れている農
家との間で二極化した状況になっているというのが、日本の農業の現在
地かなと思います。

—— 高齢化・後継者不足という一番目の問題は、二番目の遊休農地の
　　問題とリンクしているわけですね。

　農業者も基本的には中小企業なのです。農業と中小企業は間に線が引
かれている。それは監督官庁が経済産業省と農林水産省で違うからで
す。従業員が10名・20名、もしくは2名・3名のところが圧倒的なわ
けですが、中小企業・零細企業としてどう対策をうっていくのか、また
お金を借りてどう投資してどう利益を出していくのか、それは農業も中

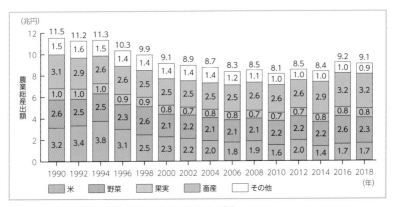

図表1 **農業総産出額の推移（農林水産省総計 2018 年）**

小企業も同じことだと思うのです。

　例えば金属加工をやられている町工場、零細工場などは必ずそういうことを考えてやっているわけです。それと同じようなことを農業でもやり始めているわけです。そして、ちゃんと儲かるようになってきている。むしろ、ケースによっては中小零細の製造業よりも農業のほうが手厚い支援メニューがあるので、自然災害のようなリスクを除いて考えれば、基本的に農業は儲かるような基礎ができてきていると思いますね。

―― そういう、「経営の観点から農業を考える」という新しい取り組みが三番目のマーケティングということにもつながっていくわけですね。

　最近、多いところでいうと、農業でベテランのお父さんが栽培の統括をして、経営自体は息子さんに早めに事業承継してしまう。例えば30代とか、早い方だと息子さんが20代後半ぐらいで法人を譲っているようなところを私はいくつも見てきました。大学で経営を学んできたとか、企業勤めをして10年の経験を積んで親のところを継いだという方が多くて、農作業についてはお父さんのほうがベテランで全体を見ていますけど、いかに経営をするかというところは息子さんになっていますね。

　最近は、俺が全部を把握するんだという先代中心ではなくて、経営は息子や娘に任せるという方々のほうが成功しているように感じます。企

業経営と同じで得意分野はその人に任せる、家族内もしくは法人内・企業内での役割分担が進み始めたというのが今の傾向かなと思います。

　そういう点では、高齢化で農業を辞める・辞めないのゼロイチではなくて、その間を緩やかにつないでいくものがいくつか見え始めていて、そのキーワードが「儲かる農業」ということであり、また「スマート農業」とその技術ということではないかと思います。

キーワードは「儲かる農業」

——「儲かる農業」というのは重要なキーワードですね。それは、農業の規模とイコールではないわけですか。

　規模は、実はあまり関係ありません。先ほど「二極化」といったのは、「儲かる農業」を追求される方々と、自分たちで食べるものを中心に作っているような方、あまりビジネス化を進めていないような方々との違いです。片手間という言い方だと語弊がありますが、ビジネスとして農業をやる方とそうではない方が二極化しているのです。小さなところでも高付加価値品を作って儲けている方々がいるわけで、必ずしも規模の違いではないのです。

　経営センスを持って農業をやっている方々はすごく伸びているのです。例えば私の友人だと400ヘクタールぐらいの広大な農地で稲作をやっていますが、非常に儲けています。逆に農地が狭くても例えばイチゴを作ったりブルーベリーを作ったりして儲けている農家もたくさんおられます。マーケットを見て、考えている方は、実際に儲かるような環境ができていると思います。

　ですから、単に物を作る、農作物を作るというだけではなくて、それを売っていかに儲けるかという、その全体を考えている方々にとっては、市場環境は好転している状況ではないかと思います。

　もともとは優れた農家というのは農作業に秀でた方だったんですけど、最近ですと農業の経営に秀でた方が勝ちパターンになってきています。良いものを作るだけではなくて、それをいかに売っていくかや、コスト管理、ブランディング、マーケティングを含めて、いわゆる通常の経営ができる方々が成功するのだと思います。

　今後の農業を考える時、1つはこうした経営の部分、もう1つはスマー

単位：万人、歳

	平成 22 年	27 年	28 年	29 年	30 年	31 年
農業就業人口	260.6	209.7	192.2	181.6	175.3	168.1
うち女性	130.0	100.9	90.0	84.9	80.8	76.4
うち 65 歳以上	160.5	133.1	125.4	120.7	120.0	118.0
平均年齢	65.8	66.4	66.8	66.7	66.8	67.0
基幹的農業従事者	205.1	175.4	158.6	150.7	145.1	140.4
うち女性	90.3	74.9	65.6	61.9	58.6	56.2
うち 65 歳以上	125.3	113.2	103.1	100.1	98.7	97.9
平均年齢	66.1	67.0	66.8	66.6	66.6	66.8

資料：農林業センサス、農業構造動態調査（農林水産省統計部）
注 1：「農業就業人口」とは、15 歳以上の農家世帯員のうち、調査期日前 1 年間に農業のみに従事した者又は農業と兼業の双方に従事したが、農業の従事日数の方が多い者をいう
注 2：「基幹的農業従事者」とは、農業就業人口のうち、ふだんの主な状態が「主に自営農業」の者をいう

図表 2　農業就業人口および基幹的農業従事者数

ト農業と言われている ICT[*1]、IoT[*2] の活用ですね。最新のテクノロジーの活用、そのノウハウがとても大きな比重を占めてくると思います。

最新テクノロジーの活用が必須に

—— 今後の農業の方向性を示すものとして「次世代農業ビジネス」という理念を提唱されています。

　10 年前の 2008 年に『次世代農業ビジネス』という本を出しましたが、そのころはまだ誰も使っていなかったんですけど、今は「次世代農業」とか「次世代農業ビジネス」という言葉はかなり一般的に使われるようになっています。今までの儲からない農業とか 3K の農業とは全く違う形で、「誇りを持てる職業」「儲かる職業・産業」「イノベーティブな産業」という概念で広がっていると思います。儲かる、イノベーティブ、その結果として誇りが持てるということです。

　その中の 1 つとして「スマート農業」があります。もちろん、従来型の栽培手法でも、例えばブランド化の視点を持って伝統野菜を扱ってい

---

*1　Information and Communication Technology の略で「情報通信技術」と訳されている。

*2　Internet of Things（モノのインターネット）の略。あらゆるモノがインターネットにつながり、情報のやり取りをすることで、モノのデータ化やそれに基づく自動化等が進展し、新たな付加価値を生み出すというもの。

るような農家は次世代農業といえるでしょう。彼らは旧来型の農器具を使ってやっていますけど、彼らの所はマーケティングやブランディングに非常に秀でていますし、自分たちでお客さんを見つけファンを見つけて、一緒に価値を創っていくようなことをやられています。

埼玉では、ヨーロッパ野菜をやっているようなグループがあり、規模は小さいが、シェフの方々と一緒に価値を創りながら新しいものにチャレンジして、その結果として高い値段で買ってもらっています。伝統野菜を作られている方はもちろんそうですが、彼らは地元で売られているこの食品は我々が支えているという自負を持ってやられています。そして、そのことをSNSで発信してフィードバックをもらい、「いいね！」をもらっています。

儲かるし、イノベーティブですし、非常にプライドを持って、楽しんでやっておられる、そのような方々が増えてきています。

つらい作業でもなければ、嫌々やらされているわけでもなければ、親から押し付けられた農業でもないんだと、最近の活躍されている方々はそれが特徴ですね。

—— マーケティングにSNSをはじめとしたICTを取り入れているわけですね。

今はそこが変わってきています。1つは流通改革ですね。卸売市場に出荷して、そこで競りにかけてもらうのではなくて、私はよくダイレクト販売、ダイレクト流通と言っていますけど、直接売ることができるようになった。もしくは、そのようなところを生業にしている企業が増えてきた。例えば、全国のこだわりのある農産物を、それを認めてくれる人に売っていく。インターネットの販売もそうですね。この人のこれを買うという指名買いがなされるようになってきた。今までと違って、自分の価値を認める消費者にピンポイントに売ることができるようになる。今はコストがほぼゼロで、SNSから自分の価値を伝えていってファンを募ることができるようになりましたし、お金の集め方も単にインターネット販売で買ってもらうだけではなくてクラウドファンディングを使ったり、ふるさと納税を使ったりという、さまざまな形でのPRとマネタイズができるようになってきた。ここはICTの発展がないとで

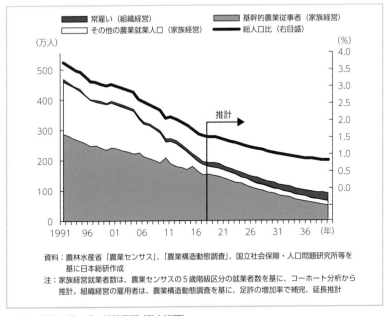

資料：農林水産省「農業センサス」、「農業構造動態調査」、国立社会保障・人口問題研究所等を
　　　基に日本総研作成
注　：家族経営就業者数は、農業センサスの5歳階級区分の就業者数を基に、コーホート分析から
　　　推計。組織経営の雇用者は、農業構造動態調査を基に、足許の増加率で補完、延長推計

図表3　農業の担い手の推移予測（日本総研）
　　　　（日本総研 2018 年 8 月 7 日付　Research Focus より）

きなかった世界です。

農業 IoT の二つの役割

—— ICT 社会になるなかで、農業も新しい技術やサービスを取り入れ、
　　利用していくことが不可欠になっているわけですね。

　小さな農家でもやれることが増えたというのは、まさに ICT の恩恵
だと思います。

　IoT を活用した農業はスマート農業と言われていますが、農業者の
方々のやりたいことを助けるための技術だと思っています。大きく2つ
の側面がありまして、1つは労働の代替です。3K の作業から解放され
るということです。もう1つは、おいしいものを作るための技術の伝承
です。

　この2つが、根底に流れています。そして、冒頭に述べた日本農業の
課題の解決というところにつながってくるわけです。

　まず1つ目の労働代替、3Kからの解放の側面から見ていくと、自動運転の農機であったりドローンであったりロボットであったり、水田の水の出し入れをスマートフォンでできるというものや、カメラで農場や畜舎を見て見回りに行く作業を軽減するなどです。今までのつらかった作業から解放されるわけです。

　雨の中、広い田んぼを見回って、特に高齢の方はそれで足を滑らせて用水路にはまって亡くなられるとか、炎天下にトラクターにずっと乗るとかいうことがなくなっていきます。そういうことができると、例えば高齢者の方は今までよりも5年長く農業をやれるかもしれないし、最近は障がい者の方々が農作業をそういうツールを使ってやるような取り組みも徐々に出てきています。

—— 「農福連携」ということがいわれていますね。

　まさに、農業と福祉との連携ですね。例えば車椅子の方でもドローンのパイロットはやれますし、水の管理とかもできるわけです。ロボットのオペレーターだってやれるわけですので、そのような形でいくと障がい者の方や非力な女性であっても、そういうICTの技術を使えば作業ができるので、農業でのダイバーシティ化が進んでいくことになると思います。

　そして、もう1つの側面が技術の伝承、ノウハウの部分です。今まではまさに「一子相伝」で30年、50年かけて農業を学んでいく世界でした。統計の種類にもよりますけど、ある統計だと農業界は49歳までが若手なんですよ。こんな産業は他に絶対になくて、歌舞伎とかだったらあるのかもしれないですが、まさに伝統芸能に近いようなところなんですね。今のご時世、例えば農業高校を出た方が30年も初心者扱いされるなんて続かないですし、そういうものは産業じゃないですね。ですから、農法、栽培法を一つひとつ覚えていくというより、ベースになる部分についてはICT、IoT、AI、クラウドなどのテクノロジーに頼ること、これがこれからの農業の大事な部分だと思います。

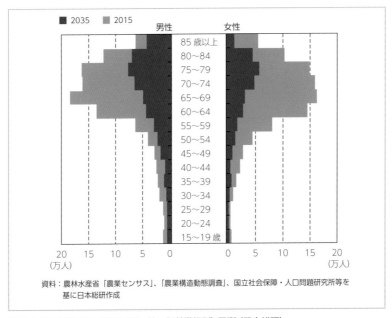

図表4 **農業就業人口（家族経営、性・年齢階級別）予測（日本総研）**
（日本総研 2018 年 8 月 7 日付　Research Focus より）

—— 本書でも、シャインマスカットの栽培法だとかシイタケの栽培法、クレソンの新しい栽培法に IoT を活用することで、これまでの勘と経験から脱して見える化、データベース化を進めノウハウ化していくことで、失敗のない栽培法が確立され、さらに美味しいものを作ることにまで応用できる事例を紹介しています。

　それは、まさにそうですね。そういう取り組みはどんどん広がると思います。例えばブドウ栽培だと、水をあげる量とかは全部コンピュータだとか AI で制御するようなところが出てきていますね。ベテランの方々がこれまで培ってきたものを見える化したのです。その方と全く同じものは作れないとしても、八掛け・九掛けぐらいの合格点は取れるわけです。百点満点は取れなくても 90 点・80 点を取れれば市場で十分に価値がある。農業を始めた 1 年目・2 年目・3 年目ぐらいで合格点近くを取れるようになってきたというのが現段階です。特に温室でのトマトの栽培とかは非常に成功していますね。温度制御とか湿度とか二酸化炭素をどれだけ入れるかということは、基本的には決められたレシピに基

11

づいて自動制御なんです。水も肥料濃度も全部モニターで見て自動で足してくれるので、頃合いを見てトマトを取っていくとか、トマトのつるを巻いていくとか、作業としては大変なんですけど、全滅したみたいなことはないわけです。ある程度の味とある程度の量は IoT とか AI が担保してくれるわけです。

　大失敗しないということです。マニュアルを見ながら手探りで1つずつやるとかではないわけですから。今までの日本の農業が培ってきた技術やノウハウがこうしたシステムの中に組み込まれてくることで農業の底上げができるでしょう。これは、農業におけるデジタルトランスフォーメーションと言ってよいと思います。

── 今後、農業へのテクノロジーの活用はどういう方向に進んで行くべきでしょうか。

　そうした農業のプロジェクトは全国で実験されていますが、普及に向けたポイントが大きく3つあると思います。

　1つは、いかに低価格で実装できるかです。システムも機器もまだ実証レベルに近いものがあるので、たとえば自動運転のトラクターだと1000万円台です。トマトの収穫ロボットも何百万円もします。時給1000円だと何時間分になるのかみたいになってしまうところがあるので、そこがボトルネックになっています。

　一方、IoT を導入してそのデータをスマートフォンのアプリで見るようなことは、低価格になり普及しつつあります。そうなると皆さんが気軽に使えるようになりますね。

　2つめは技術水準の向上と、農業全体への広がり・汎用化です。今のスマート農業はまだ米が中心なんです。例えば野菜とか果物とか畜産というところに対してどんどん技術を増やしていかないといけないのです。

　3つめは、導入モデルの構築です。今まで農家は一家に1セット農機を入れていた。そこから脱却するべきだということです。ではどうするかというと、シェアリングです。これまでも農機のリース、レンタルはありました。でも、レンタルはみんな手荒く扱って、すぐ壊れるとか返さないとか、いろいろ問題があったんです。だから、「農機はシェアリングには向かない」と言われていたんです。それは誤解でして、現にカー

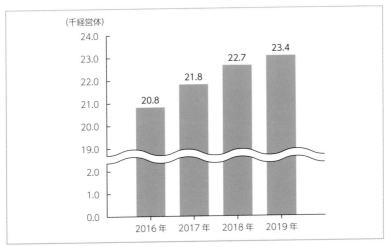

図表5 農産物の生産を行う法人組織経営体数（農林水産省 2019 年）

シェアは広がってきたわけですね。その間を埋めたものは何かというと、IoT がキーファクターになっています。走行のログが取れますとか、ドライブレコーダーが前後に付いて、危険運転をしたり、ぶつけたりしたら誰がしたかが分かります。加速度センサー、燃費センサー、いろいろなセンサーが付いているので、手荒い運転をしたら誰がやったとかが分かるんです。農機もまさにそうなんです。自分のものではないから手荒く使うようなことはできない状況が出てくるわけですね。

　今後の農業人口を考えると、これから毎年、新しく 5 万人くらいの人が参入してくるでしょう。今後若い農業者は農業高校や農業大学校でスマート農業を学んでから就農する形になります。そのペースでスマート農業という新しいやり方が普及するのに加えて、その方々が隣のおじいちゃんの分も含めて代わりにスマート化してあげるよとなると、乗数効果で一気に広がっていくわけです。若手農業者が近所のおじいちゃん達の代わりに自動運転トラクターでいっぺんに耕してあげる、といったモデルですね。すると、あわよくば 10 年でほぼ全国の 8 割 9 割ぐらいはスマート化されるかもしれません。政策的に誘導することによってスマート農業というものは 10 年で当たり前になると思います。

次世代農業の「次世代」が取れる時

—— 今後は、農業への様々なテクノロジーの活用は当たり前になっていくと。

　私は最近、「10年後にスマート農業という言葉がなくなることが目標だ」と思い、そう言っています。

　日本で一番進んでいるのは自動車産業かもしれませんが、以前は自動ブレーキの搭載はすごいと思いましたが、今はもう当たり前です。カーナビも、ドライブレコーダーも、ハイブリッドも10年前は最先端だったものが10年で当たり前になりつつある。今は、自動運転をやれればすごいなと思いますが、いずれ当たり前になるでしょう。たぶん農業もそうなんだと思います。

　日本総研も大学やさまざまな企業とともに農業ロボットをちょうど開発したところで、いろいろなところで試験運用しているのですが、時には地域の子供にもさわってもらったり試しに操作してもらったりしているんです。そのロボットは人を認識して自動で付いてくるという機能があるんです。百何十キログラムも運べるので、例えば小学生でも、そういう仕事が担えるわけです。農業高校ではこれからはスマート農業を出来るようにするということが政策的に行われています。なので、これから先はスマート農業ネイティブな方々が増えてくるんだと思います。

　私の世代でいくとビジネスマンになったときに、まだスマートフォンはない時代で、高機能な携帯電話が出始めた時代。しかし、今の若い人は当たり前のようにそれが使える。この差と同じだと思っていて、これから先はドローンやIoTを学校で習いましたという人が普通に出てくるので、かなりのスピードでスマート農業化は進むでしょう。

—— そうすると、次世代農業ビジネスも当たり前になっていく。

　普通の農家の方も、あと10年・15年たったら当たり前のように、今で言う次世代農業に移る。そのころになると次世代農業という言葉はなくなると思うんです。

　次世代農業という言葉が、いかにきれいになくなるかというところが今、私も含めて農業政策を考えている人間が一番腐心しているところだ

と思います。「彼だからできた」ではなくて「みんなできる」というふう
に、いかにして日本の農業を進めていくかということですね。

　次世代農業のポイントは、簡単にいうとコンシューマとか需要家の声
をしっかり聞いていくというところではないかと思います。

　今までは農業はプロダクトアウトだったんです。「ここはキャベツの
産地です。だから、キャベツを作ります」というようなものもありまし
たし、匠の方であっても「俺はすごいおいしいイチゴを作れるんだ」み
たいな話だったんです。もちろん匠の方は、工業製品でも伝統工芸の
漆塗りなどをやっている方がおられ、それは素晴らしいことですが、大
きな産業にはならないのです。普通の方がやれるものは何なのかという
と、例えばスーパーマーケット、レストラン、加工食品のメーカーが欲
しいものをきちんと作っていくという、そこのところです。

　そういう意味でもマーケティングは非常に大事になってきています。
作って市場に出すというよりは、何が売れるのかということを、みずか
らもしくはパートナーと一緒に考えながら、それを商品に落とし込んで
いく、需要に応える生産を進めるということが大事ですよね。

—— それは、他の産業でやっていることと同じことですね。

　その通りです。通常の産業と同じような事業の進め方が農業に求めら
れてきているということだと思います。そして、まさにその部分で、農
業の技術の腕の見せ所があるんです。例えばもう少し甘味の強いミカン
にしてくれとか、もう少し大きめのサイズがうちは欲しいとか、それは
栽培技術で対応していくわけですね。肥料の配合を変えたり水の量を変
えたり栽培法を研究し、また収穫するタイミングを変えたりと。そのよ
うなマーケット側のニーズに、いかに応えるかという、そこのところ
でしっかりと応えられている農家さんは非常に事業として伸びています
ね。

　先ほどの300ヘクタールとか400ヘクタールの広大な農地でお米を
作っているような農家さんが全国に何軒もあるんですけど、そのような
方々は十数品種のお米を作っていたりするんです。「コシヒカリを作っ
て儲けます。うちのコシヒカリは天下一品だ」ではないんです。例えば
牛丼メーカーから「牛丼に合うものを作ってくれ」と言われて、それに

あった品種を何トンも作っているとか、県が推奨しているお寿司に向いている品種を作ってみるとか、地元の醸造メーカーと組んで酒米を作るとか、餌米も作るとか、いろいろな形で、まさに需要家が欲しいものを作っていくという事業を展開しているわけです。

いかに自分たちの価値を認めて買ってくれる方々に対応していくかという、そのマーケティングの部分が付加価値になっているのです。しかも、複数品目を作ることによって固定費を下げるという経営努力もしています。例えば取り入れの秋に、コシヒカリの収穫できる期間とはずらして牛丼のものはもっと早く取れたり、お酒のものは後だったり、時間を広げることができます。1台のトラクターで5倍ぐらいの面積の田んぼで収穫ができたりします。とすると、お米1粒当たり、簡単にいうとトラクターの固定費は5分の1になるわけです。

となると利益率が跳ね上がります。お客さんのニーズがあるものをしっかり作って経営努力でコストを下げて儲かりますということが出てきているところです。このようなことは、製造業の方は当然考えるわけです。工作機械を効率よく運転し、稼働率を上げようとするわけですけど、農業は今までそれがなかったんですね。一家に1台、トラクター、コンバイン、田植え機がありますよと。そういう点が変わってきたところで成功事例が出てきている。これはまさに経営センスです。マーケティングもそうですし、管理面もそうです。マーケティングとマネジメントができる農家は、まさに儲かる農業をしやすい状況ですね。

◉ 農業の「産業化」の意味

—— 農家から農業経営へということですね。「農業の産業化」も同じ意味ですね。

まさにそうですね。私のいうビジネス化とか経営というものと、「産業化」はほとんど同じです。他の産業では利益を出すということは当たり前でしたが、これまで農業はそうではなかったのです。

私が「儲かる農業」と言っているのは、自分がやりたい仕事をして、やりたいビジネスをして、地域に貢献しながら、結果として「儲かる」んですね。「儲ける農業」は儲けることが主題になっているので、金策に走ったりという形で、結果、儲けるということはあるのかもしれない

ですけどね。「儲かる農業」とはニュアンスを使い分けています。何をしてでも儲けようではないと思うんです。いいものを作って、しっかりその価値を届けていくと儲かるんだという、そのような持続可能な仕組みの中で、決定的にこれまで欠けていたものが「儲かる」というキーワードだと思います。

やはり持続的に儲かる仕組みをつくるための経営センスがこれからの農業に不可欠ですし、もっと言うと農業者の中での農作業についてはスマート化が進んでくるとプライオリティが下がってくるわけですね。一昔前というか農業が始まって以来、優れた農家は「優れた技術を持っている」プラス「腕っぷしが強い人」だったんです。まさにノウハウとパワーだったんですけど、パワーのほうがこれから先は重要度が下がってくるわけですね、ロボットだったり自動運転農機が出てきますから。他方、ノウハウの部分は栽培のノウハウだけではなくて経営ノウハウというところまで広がっていく。

今までの農業者像から、これから先の農業者像にシフトしていくわけです。「栽培する農業生産」から「農業経営」というところにシフトしていくなかで、いかに儲かる経営モデルをつくっていくか、求められる像が変わってきているんだと思いますね。

ですから、農業は単に栽培するものではなくて、農業というビジネスを経営するという、そのような形に変わっていくと思います。「産業化」という言葉が出ましたが、まさに産業化ですし、他産業と全く同じことをやることが農業経営です。特に難しいものではないんだと思います。製造工業で、またサービス業でやっていることを当たり前のように農業がやれるようになるか、そこがまさに農業の経営ができるかどうかというところだと思いますね。

—— これまで、農業はどう維持するのかという守りだったわけですが、他の産業と同様になる「産業化」で、むしろ社会を牽引する方に変わっていけるという、そういう過渡期に入っているわけですね。

その通りだと思います。今、農業のGDPは全体の1％ぐらいなんですが、冒頭のところで農業者が100万人ぐらいになると言いましたが、そうなると人口面でも約1％になるわけです。となると1人当たりの

GDP で見ると他産業並みになるということなんです。付加価値が高くなるんです。

　もしも、スマート農業や農業経営、産業化がないとすると、人口が減り、それに比例して産業としても小さくなる。農業の産出額も減っていたのです。ところが、産業化が成功すれば、マーケットは同じでも農業者の人数が半分になって、1人2倍売れるようになるわけで、高付加価値産業になるわけです。他の産業と同様、普通の人が就職してくれて、普通の人が働いてくれるようになる。

　となると職業選択で、オランダとかの一部の国はすでにそうなんですが、大卒の方々が「食品企業に勤めようか、農業法人に勤めようか」となるでしょう。オランダでは、農業法人のほうが1割ぐらい給料は低いらしいですが、それぐらいだったら許容範囲ではないかというところです。大卒人材、優秀な方々が職業選択として農業を選べる時代が来るとなると、農業も当たり前のように経営されている時代になり、まさに儲かる農業とか次世代農業の時代になり、そのうち次世代農業の「次世代」がなくなるタイミングになると思います。

　「次世代」とか「スマート」が取れた時が本当に農業が輝く時代になるでしょう。その意味では、早くIoTをはじめとするテクノロジーの活用を進め、マーケティングをはじめとする経営能力の確立を進めることが必要だと思っています。今は、そのチャンスだと思います。

第 **1** 章

データ駆動型農業の地域実装

農研機構の栽培マニュアルを
IoTでデジタル化し地域に最適化

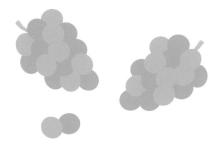

(写真提供：農研機構)

● 農業・食品産業技術総合研究機構 （農研機構）

茨城県つくば市（本部）

　　つくば市に本部を置き、全国に地域農業研究センターや研究部門等を擁する国立研究開発法人 農業・食品産業技術総合研究機構（農研機構）では、同機構が育成した「シャインマスカット」の栽培法の普及と拡大に取り組んでいる。山梨県、長野県、群馬県、岩手県の公設試験研究機関、篤農家、NTT 東日本、NTT アグリテクノロジーと協力し、農研機構の栽培マニュアルと各地域のローカル版栽培マニュアルをデジタル化、さらに IoT センシングデータと自動連携させ、各地域に最適化された栽培法を確立し、産地のレベルアップや失敗のない栽培を実現することで新規参入の手助けを図ろうという取り組みだ。

人気急上昇中の品種「シャインマスカット」を開発

　数あるブドウの品種の中で、人気急上昇中なのが「シャインマスカット」である。「シャインマスカット」という品種名からも分かるように、マスカット特有の香りがあり、大粒で果皮が黄緑色、おいしい食感が特徴だ。

　ブドウの中でも高級品種であり、ブドウの女王という異名を持つのが「マスカット（マスカット・オブ・アレキサンドリア）」。だが、マスカットは降雨の少ない地中海地方が原産であるため（欧州ブドウ）、雨の多い日本では病害が多く栽培が難しいとされてきた。

　そんな雨の多い日本で昔から広く栽培されてきたのが、降雨や病害に強い「デラウェア」（果皮が赤紫色の種なし栽培される小粒のブドウ。生食が一般的）や「キャンベル・アーリー」（果皮が黒色で中粒種のブドウ。生食のほか、ジュースやワインの原料に用いられる）などの米国ブドウだった。だが、米国ブドウはマスカットのようなかみ切りやすさがないこと、マスカットのようにさわやかで上品な香りとは異なり、フォクシー香を有していること、また果粒が軸から落ちやすく日持ちがよく

● 農研機構の果樹茶業研究部門 ブドウ・カキ研究領域（東広島市）

21

ないという短所があった。

　そこで欧州ブドウの品質の良さと米国ブドウの栽培性の良さを掛け合わせて生まれたのが、「ブドウの王様」と呼ばれる黒ブドウ「巨峰」、さらに巨峰を欧州ブドウと交配させたのが「ピオーネ」である。日本のブドウ品種別栽培面積（2017 年）によると、第 1 位が巨峰（30％）、第 2 位がピオーネ（16.5％）、第 3 位がデラウェア（16.1％）というように、果皮が黒色のものが主流となっている。そんな中、第 4 位につけたのが品種登録されて十数年しか経っていない「シャインマスカット」である。

　「『シャインマスカット』は近年、まれに見るヒットとなった品種なのです」

　こう語るのは、東広島市にある農研機構 果樹茶業研究部門ブドウ・カキ研究領域の領域長として、「シャインマスカット」の栽培に取り組んでいる薬師寺 博 氏である。「シャインマスカット」の栽培面積は今も伸びており、「北は青森から南は鹿児島と、全国的に栽培面積が増加しています」と薬師寺氏は話す。

　「シャインマスカット」の品種登録は 2006 年だが、農研機構のブドウ・カキ研究領域で交配を始めたのは 1988 年からだという。「交配から品種登録するまで通常 14 ～ 15 年かかるんです」（薬師寺氏）

　薬師寺氏たちが所属する農研機構 果樹茶業研究部門では、おいしく新鮮な果物やお茶を食卓に届け、農業の発展と豊かな食生活を支えるために、品種の育成や効率的で安定した生産・流通の実現に向けた技術の開発が行われている。作物によって研究拠点が異なっており、ナシやクリは農研機構本部のある茨城県つくば市、ブドウ・カキ研究拠点は広島県東広島市、リンゴ研究拠点は岩手県盛岡市、カンキツ研究拠点は静岡市、茶業研究拠点は静岡県島田市と鹿児島県枕崎市に設置されている。

　それぞれの研究拠点では、新しい品種の育成、遺伝子解析による効率的な育種技術の開発、栽培管理の省力・軽労化技術、鮮度保持技術の開発、健康機能性成分の解明や評価、病害虫の分類や診断、環境に優しい防除技術の開発などが行われている。「シャインマスカット」はこのブドウ・カキ研究領域で生み出された代表的な品種の 1 つだ。

● 「シャインマスカット」開発元の樹木。この樹木の枝から接ぎ木を繰り返し、「シャインマスカット」が増殖された

(写真提供：農研機構)

📀 栽培のポイントは温度管理

　「シャインマスカット」の人気が高いのは、皮ごとおいしく食べられ、香りが良いからだけではない。「本来、皮ごと食べられる品種は皮が薄いので、粒が割れやすいのですが、『シャインマスカット』はめったに割れません。そのため生産者にとっても作りやすく、冷蔵庫に入れれば2〜3ヶ月持つなど貯蔵性に優れ、経済性の高い品種」だからだ。

　「シャインマスカット」の露地栽培での収穫期は9月上旬（東広島市）。「収穫ピークが重なると価格が下がってしまいます。収穫ピークに重なることなくより早く出荷できれば、より高く売ることができます。そこで『シャインマスカット』の主要産地である山梨県や長野県の熟練農家の中には、12月や1月頃からビニールハウスを暖房で温めて栽培する加温ハウス栽培を行い、ゴールデンウィーク前など、非常に早い時期に出荷することを可能にしているのです」（薬師寺氏）

　とはいえ、「シャインマスカット」を生み出した農研機構が用意している栽培マニュアルは、汎用的な基準ともいうべきものだ。したがって、各地域の特性や、加温、無加温などハウス個別の条件を加味したマ

● ハウス、露地それぞれで研究栽培が行われている（「シャインマスカット」のハウス栽培の例）

ニュアルまでは用意されていない。そこで、各県の果樹試験場やJAは連携して、農研機構のマニュアルを基準にしつつ、各地域向けの固有マニュアルを作っている。さらに熟練農家ともなれば、これに加えて自分の経験や独自の工夫を活かしたノウハウを持っているという。

　ブドウ栽培においてとりわけノウハウが求められるのが温度管理だ。「『シャインマスカット』をはじめ青系のブドウは温度管理を誤ると生理障害が起こり、葉やけしたり、果皮が薄茶色に変色したりするのです。特に加温ハウスの場合は、葉やけが起こりやすいので、温度管理には気が抜けません」（薬師寺氏）

　加温ハウス栽培に取り組む生産者は、温度を含めた環境管理が適切に行われているかどうか、ハウスまで足を運んで確かめることが欠かせなかった。だが、IoTセンサーとクラウドを使えば、自宅にいながらハウスの状況が分かるようになる。「ブドウ農家からは、そういった省力化や失敗のない栽培を実現したいというニーズがありました」（薬師寺氏）

　こうした背景のなかで、「シャインマスカット」の生産者の期待に応える仕組みづくりが求められていた。

省力化と熟練農家のノウハウを共有できる仕組みづくり

「シャインマスカット」の人気が高まるにつれ、主要産地である山梨県や長野県ではさらに生産者を増やし、県のブランド作物としての認知を広めたいというニーズが増大している。また一方で、その他の地域においても新たな目玉作物としたいというところが増えてきた。これらの県、地域では栽培マニュアルをより使いやすい形で適切に活用できるようクラウドで共有し、新規参入の農家でも失敗のない栽培を実現できるようにしたいという考えがあった。

そこで農研機構は山梨県、長野県、さらには今後、「シャインマスカット」の生産に力を入れていきたい群馬県、岩手県、そして農業のIoT化をサポートしているNTT東日本グループとコンソーシアムを組み、農研機構の栽培マニュアルと各地域固有のマニュアルをデジタルベースで収容し、さらに各地域のマニュアルをより充実したものに進化させる仕組みづくりに取り組むことになった。

これまで生産者は、たびたび圃場に足を運び、その都度紙に書かれた詳細なマニュアルと圃場の環境を照合し、問題点や課題を自ら確認しながら、栽培管理を行っていた。

そこで、まずこれまで生産者が紙ベースで参照していた栽培マニュアルのデータをデジタル化し、クラウド上のデータベースに収容することにした。また、圃場に設置したIoTセンサーから自動収集した温度、湿度の情報もクラウドに上げ、デジタル化された栽培マニュアルとセンサーから取得した圃場のデータが自動的に連動した形で、スマートフォンやタブレット上に表示されるという仕組みを構築した。

さらに、蓄積されたデータを活用して、各県の環境にあった栽培マニュアルとして、継続的に進化・発展させていく。「当初は1つの栽培マニュアルを共有することを考えていました。ですが、栽培マニュアルは知財です。他県にそのノウハウを出すことは難しい。またその土地土地によって、環境条件も変わります。各県用にカスタマイズした栽培マニュアルを作成する方がより使いやすいと考えました」（薬師寺氏）

まず、IoTセンサーで取得したデータを活用する生産者側のメリットは、スマートフォンやタブレットでいつでもどこからでも圃場の環境情

● 栽培マニュアルのデジタル化により省力化や失敗のない栽培を支援する仕組み

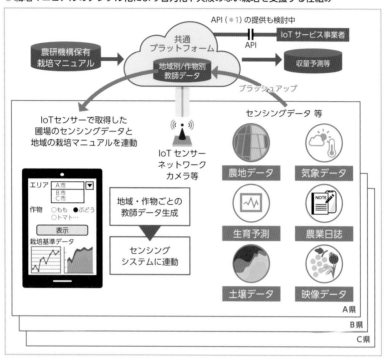

報を見ることができ、同時に地域に最適化された栽培マニュアルをデジ
タルで参照できるようになることだ。それだけではない。「栽培マニュ
アルと圃場のセンシングデータを比較できるような仕組みも実装してい
ます。圃場の環境データと栽培マニュアルを重ね合わせてみることがで
きれば、温度管理の負担がかなり軽減されるようになります。また、設
定された基準値を外れた温度になった場合は電子メールでアラームを通
知することができますので、緊急時の早期対応が可能になります」と薬
師寺氏は語る。

　生産者には、農研機構から提供される栽培マニュアルにもとづいて栽
培してもらうことが基本になっているが、地域ごとの独自性も重視して
おり、各人がある程度自由に温度管理ができるよう、可変性を持たせた

*1　Application Programming Interface の略で、あるソフトウェアやサービスの一部を公開し、外部のソフトウェアと機能を共有するための手順やデータ形式などを定めたもの。

作りとなっている。

　また栽培マニュアルは一度作成すれば終わりではなく、常にブラッシュアップされていくようにするという。

　具体的には、温度、湿度以外の有用な環境情報もセンサーから収集し、クラウド上に蓄積していく。そのほかにも気象データ、栽培日誌などセンサーから取得するデータ以外の情報も取り入れていく予定だ。県の果樹試験場やJAと連携し、これらから得た情報や知見をマニュアルの多様化、詳細化等に反映していく。

　そうすることで「すでに栽培を行っている地域や生産者は、ノウハウをさらに磨き、より高品質な『シャインマスカット』を一層効率よく栽培することができるようになります。また、良質のものを失敗なく安定して作ることができるようになれば、新たに栽培を始めようとする生産者には、『シャインマスカット』の栽培を特別に難しいものと意識せずに取り組むための情報や栽培法を提供できるようになります」と薬師寺氏は期待する。

　今後、実証を経て、その後は各地で実装へと拡大していくことになる。これにより、生産者が栽培環境を適正に管理する仕組みが整うことになる。

　実装が進み、さらに栽培データが蓄積され、地域ごとの特性を踏まえた運用が可能となることで、新規参入者は失敗を恐れず「シャインマスカット」の生産に取り組むことができるようになるだろう。

◉ 他の作物への活用も視野に

　栽培マニュアルプラットフォームのこれからの目標について薬師寺氏は「栽培マニュアルプラットフォームという仕組みは、『シャインマスカット』だけのものではありません。将来的には巨峰やピオーネなどの他の品種、さらには他の作物にも展開していくことを考えています。そのためにもまずは成功事例を作ること。生産者の方にアプリケーションの使い勝手を試してもらい、どんどんフィードバックをもらいたいですね」と意気込みを語る。

　農林水産省「農業構造動態調査」によると、2018年における販売農家の基幹的農業従事者の平均年齢は67歳。強い農業を実現するには、若

● 将来的には他の品種、他の作物への展開も検討（写真は同研究所で育成中のカキ）

手の新規就農者を増やしていくことが求められる。そのための 1 つの方策が ICT を活用したスマート農業の普及であり、もう一つがブランド化をすることで「売れる作物」を作ることである。日本のおいしい果物は海外でも非常に人気がある。「シャインマスカット」はその典型的な例の 1 つ。ブドウの大産地山梨県、長野県とも年々、輸出額を増やしており、その有力な要因に「シャインマスカット」の人気があるという。

　現在、政府も農作物の輸出を支援している。世界のマーケットを相手にするには、品質が良く、おいしい「シャインマスカット」の生産量をもっと増やしていかねばならない。農研機構と NTT 東日本グループが地域と連携して取り組む「栽培マニュアルプラットフォーム」は、その実現のカギを握っているのだ。

※　文中に記載の組織名・所属・肩書き・取材内容などは、すべて 2019 年 11 月時点（インタビュー時点）のものです。

まとめ

背景と課題

　農研機構が育成した「シャインマスカット」の人気は非常に高く、地域ブランド化や失敗のない栽培を実現することで新規参入栽培への期待が高まっている。一方、生産地においては、紙に書かれた栽培マニュアルと実際の圃場の状況を毎回照合しつつ管理を行う栽培を行っているため、その確認作業を自動化で軽減できるより効率的な栽培管理の方法が期待されていた。

　また、特にノウハウが求められるのが温度管理であり、誤ると葉やけしたり果皮が変色したりするため、生産者はハウスまで足を運んで確かめることが欠かせなかった。

取り組み内容

　農研機構、山梨県、長野県、群馬県、岩手県、NTT東日本グループがコンソーシアムを組んで「栽培マニュアルプラットフォーム」を地域に実装するプロジェクトを開始した。

- 農研機構が提供する基本的な栽培マニュアルと、各県でこれを地域の状況に合わせてカスタマイズしたマニュアル、さらにセンサーで取得した環境データをクラウド上で一元管理し、スマートフォン等で管理できる仕組み（プラットフォームとアプリケーション）を作り、生産者が栽培環境を適正に管理できるように支援する。これにより、特別な技能を持たない生産者でも、失敗の少ない栽培管理が行える環境づくりを推進し、データ駆動型農業の基盤を提供する。

今後の展望

　生産者に試してもらい、フィードバックをもらって、データを整えていく。また、他の品種や他の作物にも展開していく。さらに、各地域の状況と要望に応じたコンソーシアムを組み、IoTの地域への実装に向けて協力と支援を続けていく。

デジタル技術の活用を進め
データ駆動型農業の地域実装を

薬師寺 博 (やくしじ ひろし) 氏
国立研究開発法人 農業・食品産業技術総合研究機構 (農研機構)
果樹茶業研究部門ブドウ・カキ研究領域 ブドウ・カキ研究領域長
農学博士

—— 「栽培マニュアルプラットフォーム」の実証活用が進められていま
　　すが、その目的を教えてください。

　私たち農研機構の役割は、農業を強い産業にするための科学技術イノ
ベーションの創出をすることです。将来をめざした基礎研究も行ってい
ますが、近年は社会実装に結びつく現場に役立つ研究テーマが増えてい
ます。今回、NTT 東日本グループと共に進めている栽培マニュアルプ
ラットフォームのプロジェクトもその一つです。これが実現すると、私
たちが持っている栽培マニュアルと IoT を自動で連動させ、失敗のな

い栽培および栽培の省力化が可能になります。

　今回、その対象作物としてまず選択したのが、「シャインマスカット」です。その理由としては、農研機構が開発した作物の中でも、「シャインマスカット」はこれまでにないほど栽培面積が拡大しており、その伸びがまだ止まっていません。また、高単価作物であることから、地域の新たな目玉作物にしようとしている自治体が増えており、期待が高まっていることや作りやすいということも理由としてあげられます。

—— あらためてブドウの作りかたについて教えてください。

　ブドウは種子から育てることはしません。台木に接ぎ木をして育てます。というのもブドウの根にはブドウネアブラムシ（フィロキセラとも呼ばれる）という虫が寄生しやすく、その虫に寄生されると樹液を吸われ、枯死してしまうのです。そこでブドウネアブラムシに強いブドウの木を台木にして、「シャインマスカット」の穂木を接ぎ木すると、約3年で実がなり始めます。こうして接ぎ木や挿し木をしていくことで、樹の数を増やしていくのです。

—— 栽培マニュアルプラットフォームが実現すると、どんな効果が得られるのでしょうか。

　これから検証が本格的に始まるわけですが、期待できる効果として、第一は、新規参入者でも一定レベルのノウハウが得られることがあります。第二に、産地全体の品質アップが図れることです。栽培マニュアルプラットフォームでは、農研機構が用意した標準の栽培マニュアルを、各地域がそれぞれの環境や用途に応じて地域別にカスタマイズすることで、よりその地域に合った栽培情報を提供します。そのデータをもとに、生産者は自分の圃場の環境を管理していくことができます。第三に、生産者が圃場に足を運ぶことなく、スマートフォンやタブレット端末から自分の圃場の温度や湿度などの環境情報を確認できることです。これにより省力化が図れるでしょう。

　今はまだ検討段階ですが、開花予測なども入れることができれば、さらに便利に使えるようになると考えています。

—— 将来、展望されていることを教えてください。

　カメラや映像を活用した仕掛けを作ることですね。カメラを使えば、リアルタイムにおける葉の状態などをスマートフォンやタブレットで確認できるようになります。環境情報はあくまでも数字です。たとえ適切な温度に制御されていても、本当に作物が元気に育っているかは、目で見なければ分かりません。また鳥獣害対策にも活用できると考えています。

　今後、センサーがさらに小型化し、価格が低下すれば、より多くの場所に設置できるようになります。例えばハウスの手前と奥とでは、温度が多少異なるかもしれません。より多くのデータを収集できれば、栽培マニュアルをさらに洗練させることができるかもしれません。

　「シャインマスカット」は日本が育成した品種にもかかわらず、韓国や中国などで栽培され、マレーシアやタイ、ベトナムの市場で売られており、海外での「シャインマスカット」栽培を止めることができないのが現実です。だからこそ、栽培マニュアルプラットフォームを整備、活用することで日本の「シャインマスカット」の品質、生産量を高めていくことが、海外との競争に勝つための方策になると思うのです。「シャインマスカット」で成功すれば、栽培マニュアルプラットフォームを他のブドウ品種、他の作物にも展開していきたいですね。

—— 国としてデータ駆動型農業をめざしていると思いますが。

　農林水産省では、「2025 年までに農業の担い手のほぼすべてがデータを活用した農業を実践」という目標を掲げています。農業従事者の高齢化や労働力不足等の課題に対応しながら、農業を成長産業化していくためには、デジタル技術の活用を進め、データ駆動型の農業経営を実現することが不可欠です。従来の営農体系に単にデジタル技術を導入するのではなく、デジタル技術を前提とした新たな農業への変革（デジタル・トランスフォーメーション）を実現することが重要だという考えです。

　今回の私たちの取り組みも、地域へデジタル技術の実装を促す具体的な提案のひとつだと考えています。地域での実装が進むことで、新しい農業への変革の実現に向けたムーブメントとなることを大いに期待しています。

第 2 章

安芸市・ナスの施設園芸

多様な働き方を支援する
健康・労務管理に IoT 活用

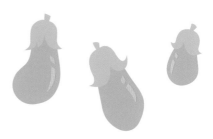

● ゆめファーム全農こうち

高知県安芸市

　和洋中とさまざまな料理に合う「ナス」は、日本人の食卓に欠かせない野菜の一つ。高知県では温暖な気候を活かした促成栽培でほぼ通年にわたって収穫されており、生産量で全国1位を誇る。しかし、少子高齢化にともなう農業従事者の減少や人材不足は避けられず、新たな農業経営のあり方が求められている。そこで、全国農業協同組合連合会（JA全農）は2019年10月から安芸市の次世代施設園芸施設「ゆめファーム全農こうち」においてIoTによる高収量化・労務効率化のための取り組みを開始した。

● 高知県ブランド「土佐鷹」で取り組みを開始

　高知県の東部に位置し太平洋をのぞむ安芸市。車で町を走るとアパートと見間違えそうな大きなビニールハウスが道の両サイドに延々と続く。その中でひときわ目立つのが「ゆめファーム全農こうち」の大型の温室だ。

　安芸市では温暖な気候や長い日照時間、そして肥沃な土壌を活かした生産性の高い施設園芸が盛んだ。中でも「ナス」は通年栽培が行われており、とりわけ冬春期は首都圏を中心に全国の大消費地に出荷されている。近年では温室総面積は減少、担い手は増えていないが、総生産量はキープできているという状態だ。

「安芸市は昔から施設園芸が盛んで、収益の高い農業経営をめざして積極的に取り組む生産者さんが多いんです。ナスのほかにも、ピーマンやシシトウ、ミョウガなどが栽培されており、『施設園芸の先駆けの地』ともいわれているんですよ」

　そう語るのは、JA全農 耕種総合対策部 高度施設園芸推進室長の吉田征司氏。JA全農が取り組む次世代施設園芸プロジェクト「ゆめファーム全農」のプロジェクトリーダーを務めるキーパーソンである。

● 「ゆめファーム全農こうち」の温室外観

このプロジェクトは、その名のとおり次世代施設園芸における農業経営
手法の実践的確立をめざすものである。

　安芸市の「ゆめファーム全農こうち」プロジェクトは、JA 全農の直
営型の事例としては栃木県の「ゆめファーム全農とちぎ」に次いで 2 例
目となり、温度や湿度の自動制御装置や炭酸ガス発生装置を備えた、約
1 ヘクタールという巨大な温室だ。

　このプロジェクトに立ち上げから携わっている JA 全農の西村宙晃氏
の案内で、広々とした温室の中に足を踏み入れる。その途端、ムワッと
熱い空気に包まれた。高さ 5 メートルの天井に向けて、ナス茎が 2 メー
トルにもなろうと育ち、まるで熱帯植物の温室のようだ。よく見ると大
きな葉の陰にはツヤツヤと黒く光るナスが実を結び、星型をした紫色の
花もたくさん咲いている。反対側のエリアには定植して間もない、膝の
高さを超える程度の大きさのナスも育っている。

「ナスは実をつけながらも花を咲かせ、どんどん大きくなります。だか
ら 1 ヶ月でこれだけの生育差が出るんです。温度管理をしっかりしてあ
げれば順調に生育し、1 年のうち 10 ヶ月間は収穫ができます。マルハ
ナバチで受粉を行い、1 本の茎に 150 ～ 200 個は実がなるので、ナスは
効率性が高く、施設園芸に適した野菜なんです」

● マルハナバチで受粉を行う

● ナスの株の根城。養液栽培をしている

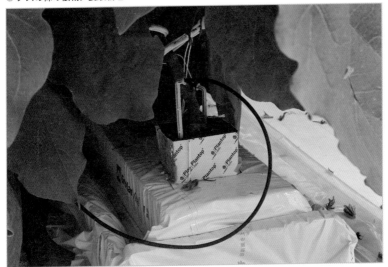

　そう言って西村氏が渡してくれた手のひら大のナスは、黒々として瑞々しく、ヘタにみっしりと生えた棘がピンと張って指に刺さりそうになる。

「高知県の推奨品種で『土佐鷹』というんです。全国各地にたくさん出荷されているので、食べたことがある人も多いのではないでしょうか。現在、温室では土を使った土耕栽培が半分、もう半分を土を使わない養液栽培で育てており、それぞれの収量向上を図るだけでなく、育て方による作業負担なども含めて比較をしているところです」

　地区の生産者のほとんどが土耕栽培であることから、1年目は土耕栽培のみで実証実験を行ったが、一部で土壌由来の病気にかかってしまった。そこで2年目からは土の病気のリスクがない養液栽培も始め、それぞれの収益性や作業負担などの比較を行っているのだという。また、通常は茎の165cmくらいで摘芯を行って枝を増やして栽培するが、本プロジェクトではあえて摘芯を行わずに茎を上に伸ばし、大きくなったら上から垂らしたワイヤーを使って誘引する「ハイワイヤー誘引栽培」という方法を採っている。

「1作目は摘芯をしたものとしないものとの比較を行ったのですが、摘芯をしない方が、作業がスムーズで、効率も良くなるということが分

かりました。摘芯する『切り戻し栽培』は経験や知識がないと難しいし、作業負担もかかります。ざっくり計算して作業量は3分の1になり、さらに摘芯しない方が収量も多いという結果が得られたので、2作目以降はすべて摘芯をせず、茎を伸ばしていくという方法を採っています」

　摘芯をしないと最終的には高さ4メートル近くまで生育し、実の収穫は電動で上下する台車に乗って行う。その台車もどのようなものが適しているか検討中だという。ほかにも、トマト台木の実証実験なども行っている。

「トマトは水を吸う力が強いので、その効果もあってしっかりと大きく生育することが分かりました。ただ土壌の病原菌も吸いやすく青枯病（あおがれびょう）などのリスクが高まるため、接ぎ木の効果を最大化するという意味でも養液栽培での実証実験を行うことになったのです」

　1作目では一部を病気で失いながらも15トンの収量、そして2作目ではハイワイヤーでの養液栽培と土壌栽培を比較し、養液栽培の方で26.2トンの収量という、目標の30トンには届かないが地域でもトップレベルの収量が得られた。同面積での通常の収量は15トンというから、倍近い数字であり、おそらく現段階では日本でも有数の収量と思われる。ハイワイヤーによる土耕栽培の方でも同レベルの収量が期待されたが、病気で収量が低下し21トンという数字だった。こちらは病気対策を考えながら、今後は平均収量の2倍となる30トン超えの目標を実現するべく、さらにさまざまな取り組みを進めていくという。

「今のところはコントロールしやすい養液栽培の方に軍配が上がっていますが、土耕も病気対策がうまくいけばまだまだ伸びしろはあります。また、投資が少なくて済む利点もあり、養液と土耕の両方の可能性を追求していきたいと思っています」（吉田氏）

作業者の健康管理を目的に　ウェアラブルデバイスを活用

　温室内では、20分ほど立っているだけで汗がじんわりと湧いてくる。秋の晴天、13時を過ぎた頃に温室内の温度計を見ると31度を超え、湿度は80%にも上っていた。管理者が設定したプログラムに従い自動的にハウス上部の小窓が開いて風が入ってくるが、それでも外気が28度

● ファンの回る空調服を着用して作業を行う

　というなか、30度をちょっと切る程度にしかならない。人間には厳しい環境だが、高温植物であるナスには28度前後が適温で、たとえ35度になっても水分さえしっかり与えられていれば元気に育つが32度以上にはしたくないという。

「温室内はナスが優先ですからね。動ける人間は自分で体調管理することが求められます。作業時間をしっかり管理して、水分をこまめにとったり、空調服（扇風機のついたブルゾン）を着たり。管理者を中心に各自で気をつけていますが、なかなか大変です」

　日常的な温室の管理に当たるのは1つの温室あたり1名。農作業は全施設で16名中12〜13名が入れ替えで担当し、茎のまきつけや葉や枝の切り取り、収穫や運搬などの作業にあたる。立っているだけでも、ダラダラと汗が出るなかで、農作業を行うのは重労働だ。

　「ゆめファーム全農こうち」では、2019年10月から農作業者の健康管理・労務管理を通じて、安心安全・効率的な農業経営を実現する取り組みを開始した。20代と50代の男性が実証対象者となり、腕時計型でGPSの付いたウェアラブルデバイスを装着し実証を行っている。作業時はウェアラブルデバイスによりバイタルデータ（心拍数）が測定され、

広大な温室にも対応できる無線通信方式（LPWA[*1]）により測定データが事務所の基地局に送られる。また、温室内に設置された温湿度センサーが室温データを定期的に収集している。

　1 分おきに収集されたデータは基地局からクラウドに送られる。クラウドに送られたデータは分析が行われ、熱中症を起こす可能性がある場合には、事務所のパソコンと、管理者のスマートフォンにメールでアラート通知が送信される仕組みだ。

「太陽が出ると温室内は急に温度が上がることがあります。基本的に 28 度前後という高温のもとで作業をしているので、ちょっと気を抜いただけで熱中症にかかる可能性があります。どうしても人は作業をすると集中してしまうので、オンタイムで状況を把握することはとても大切なのです」（吉田氏）

　さらに別に取得している作業データを合わせて分析することで心拍数データと熱中症にかかりやすい環境や熱中症を起こしやすい作業や場所などを把握し、事前の注意喚起につなげていくという。

「この把握によって、休憩の取り方も変わってくると考えています。例えば今は 11 時以降は 35 度になるので作業をやめようと感覚的に判断し

● 事務室にある LPWA の基地局で温室内のウェアラブルデバイスからのデータを受ける

*1　Low Power Wide Area の略で、低消費電力で広域の通信が可能な無線通信技術の総称。

● IoT を活用した安全管理・労務管理の取り組みイメージ

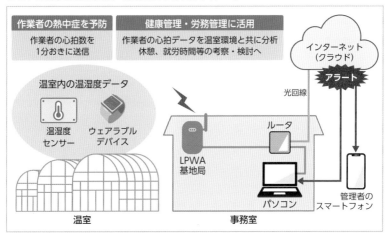

ていますが、それよりも 20 分に 1 回休憩をとった方が効果的ということになるかもしれません。1 時間に 1 回でいいのか、長さはどのくらい必要なのか。たかが休憩と思われるかもしれませんが、16 人が 15 分ずつ休憩を取れば、4 時間分になります。その積み重ねともなれば、大変なコストになり、逆に体調を崩してしまえば、取り返しのつかないことになってしまいます。そこで例えば朝 6 時から作業を始めるなど、就労時間を考える手がかりにもなるでしょう」（吉田氏）

　実証では、熱中症傾向は高齢者の方が発生頻度が高いことが明らかになり、特に梅雨明けの急激な気温上昇で体調不良が発生し、作業場所としては土耕栽培エリアで発生する傾向が見られた。養液栽培エリアでは起きておらず、理由についての考察が進められている。

　今後は、天候や日射量など複数のパラメータでの相関分析や、労務・勤怠管理との連動など、新たな外部知見やノウハウ、ソリューションを加えてブラッシュアップを図っていくという。

「温室の温度・湿度のデータを正確に把握することができました。さらに、既存の対策として行っている空調服や飲料の効果なども検証したいと思っています。いずれにしても人間の健康という複雑なテーマなので、今後は NTT 東日本関東病院の協力を通じて、ハウス内の環境データをもとに助言をいただければと思っています」（吉田氏）

　取り組みでは、適性な労務管理と生産管理の仕組みづくりをめざし、

● 腕時計型のウェアラブルデバイスで心拍数などのデータを取得する

IoT を活用して必要なデータ収集と分析を行い、その結果をもとにハウスでの農作業を前提とした健康管理指数の設計や作業標準作りを進めている。このプロジェクトでは、JA 全農が実証実験フィールドの提供と、IoT を活用した健康管理・労務管理の効果、ユーザビリティの検証とノウハウ蓄積を行う。NTT 東日本は施設園芸における無線通信環境の検証とノウハウ蓄積の支援、また健康や安全な管理に係るアドバイスを同グループ内の NTT 東日本関東病院と協力して行うことになっている。さらに施設園芸ビジネスのノウハウを保有する NTT アグリテクノロジーが実証実験全体の企画・運営を担っている。

日本の農業生産性を 10 倍に高めるために

　こうした次世代施設園芸におけるさまざまな取り組みの背景には、農産物の販売や生産資材の供給などの事業を行うことで国民への食料供給を果たしていく役割の JA 全農としての大きな危機感がある。
　世界的にも例のない急速な少子高齢化にともない、近い将来に深刻な人材不足が到来することは間違いない。その影響は一次産業で特に大きいといわれ、すでに高齢化が始まっている農業ではとりわけ深刻な問題

となっているのだ。

「現在、日本の農業を支えている基幹農業従事者の平均年齢は67歳であり、そのうち49歳以下はわずか10%以下といわれています。これがそのままスライドしていけば、その10%以下の人では国内の食糧生産量を維持することは困難となるでしょう。JA全農は日本における食糧生産を質・量ともに向上させるという使命のもと、農業従事者の減少で減ってしまう食料をどうやって生産し、確保するかという命題に取り組んでいます。極端な話、10%の人たちがこれまでと同じ量を生産していくためには生産性を10倍に上げるほかありません。方法として一つは単位面積あたりの収量を上げること。もう一つは、1人あたりの耕作面積を増やすことです。この掛け算によって、収量を10倍にすることをめざしているわけです」（吉田氏）

収量10倍化という目標はここからきているわけだ。ナス農家の1人あたりの平均耕作面積は20アールであり、これを5倍にすると1ヘクタールとなる。そして、ナスの平均収量が1ヘクタールあたり12〜15トンでその2倍ならば30トンとなる。単純計算として、1人あたり耕作面積を5倍にし、同面積の収量を2倍にすれば10倍になるというわけだ。ここから先ほどの30トン超えという目標が立てられているのだ。

「このモデルで本当に10倍の収量を上げることができるのか、そして20アールで栽培していたときよりも収入を増やせるのか。それを検証しようとしているわけです。単に面積を増やすだけなら難しいことではありません。しかし、その分手間もかかりコストもかかる。例えばナスの養液栽培の場合、温室を構成する資材は減価償却期間が14年、栽培に必要な諸機材は7年になります。コスト的にはイニシャルの1年目が一番厳しくなるわけです。そのリスクをとってもビジネスとして成り立つのか、本当に“稼げるのか”が今回の実証実験で重視しているところです」（吉田氏）

この考え方にもとづき、2014年には「ゆめファーム全農とちぎ」で、まずはトマトの収量を増やす取り組みを実施した。通常10アールあたり20トンのところ40トンの収穫成果が得られ、5年間にわたって継続することができた。そこで普及モデルのパッケージを構築し、それを生産者に提供し始めて、1年目だという。

ナスを対象とした「ゆめファーム全農こうち」はこの取り組みの第

● IoT の取り組みを進めているスタッフ

2 弾であり、第 3 弾としてキュウリを対象とした「ゆめファーム全農 SAGA」も 2020 年から稼働する。

「施設野菜の中でもトマトは栽培方法がかなり研究されていて、さまざまな技術や事業がかなり展開されてきています。しかし、他の野菜となると技術そのものが確立していないので、まずスタンダードを作るところから全農が担う必要があると考えました」（吉田氏）

　経済的・事業的なインパクトを考慮して、収量の多い順に取り組んでいくことを考えたとき、まずトマト、次はナス、キュウリの順が妥当と判断されたのだという。

「例えば、葉物野菜は地域性が強く、いろんな葉物が各地域で作られています。イチゴも同様に県ごとにブランドがあり、栽培方法の標準化が進んでいます。そこで、全国的に栽培されている作物に照準を合わせ、その中からさらに海外と対比した時に単位面積あたりの収量差が大きいものを選びました。例えば、世界最先端の農業を実践しているオランダなどと比べて、トマトの場合は 7 割、パプリカも 7 割くらいにまで収量が上がってきています。しかし、キュウリやナスは 4 割にしか届きません。そこで、伸びしろのある野菜を選んで収量を上げることを考えたわけです」（吉田氏）

　もちろん、オランダと日本では環境も違えば品種も違い、食べ方も異なる。まったく同じように収量を上げることは難しいかもしれないが、たとえそうだとしても2倍にはなるのではないか。せめて、トマトやパプリカのようにオランダの7割までには上げられるのではないかという判断だ。

🔵 家族経営から組織経営へ 雇用と労務の形が変わる

　耕作面積がこれまで平均20アールだった理由は「家族経営」で農業が行われていたからだ。しかし、これが1ヘクタールということになれば家族だけで行うのは難しくなる。人を雇用し、組織としてマネジメントしていく必要が生じる。

「これまで家族経営だったものを会社組織で行うとなれば、スケールアップするのでいきなり難易度が上がり、ハードルが高くなります。農業の大規模経営をめざしたとき、ここが最も難しいかもしれません。さらに収量を2倍に上げることが目標課題となると、まさにイノベーションなしには実現することはできないでしょう」（吉田氏）

　この難易度の高い課題をどうやって解決していくのか。家族経営ならば、丁寧に作業し労力を注げば、ある程度収量を上げることは可能だろう。しかし、人を雇って何万株も育てるとなれば、人によってバラツキが生じ品質にもバラツキが生じかねない。管理する面積が大きくなればなるほど、家族労働とは異なり、作業者の雇用が必要となり、労務管理が重要な意味を持つことになる。

「いわばまったく異なる業態にジャンプアップするようなものですから、そこに何の保障もサポートもないとすればあまりにもリスキーで、誰もやりたがらないでしょう。だからこそ、全農が実証して、『こうすればできる』というモデルを作って示す必要があるのです」（吉田氏）

　現在、収量については目標を実現できる目処がついた。今後は栽培プロセスの中から省ける機材や作業などを抽出し、費用対効果として最適な投資とその対象を見極めていくという。30トンという平均の倍の量が採れたとしても、倍の費用が生じたら意味がない。施設や栽培方式、研修・教育・トレーニングなどコストがかかる部分を見極め、それが適

● ナスの収穫適期は短く、採り遅れ（中央、右）がないよう気を配る

正な投資になるよう組み立てていく必要がある。そこが試験場や実証実験とビジネスとの大きな違いであり、ビジネスとして成り立つパッケージとして提供できるようにするのが本プロジェクトのめざすところだという。

「私たちは収量日本一をめざしているわけではないのです。どうしても話題としては収量増大に目が行きがちですが、持続可能な農業として確立させていくためには、あらゆるコストの最適化、縮小化が求められます。ハウスや設備などのイニシャルコストだけでなく、ランニングコストの効率化も重要な課題であり、最も大きな経費が人件費や労務管理費、そして、重油などの燃料費です。このため、労働の安全と労務管理の効率化を図るために、ウェアラブルデバイスの利用を始めたわけです」

　少子高齢化にともなう人材不足は、雇用と就労のあり方も大きく変える。例えば福祉の充実や自立の観点から農福連携[*2]の動きや、技能実習生も含めた外国人労働者の受け入れ、また働き方の多様化にともなう兼業者や地域人材との連携など、多くの形態が予想される。作業の平均

---

*2　障害者等が農業分野で活躍することを通じ、自信や生きがいを持って社会参画を実現していく取り組み

化、均一性は重要だが、働く人は決して単一ではなく、雇用形態や労働時間はもちろん、健康状態なども一人ひとり異なり、適正管理が重要となる。

「事業的にはハウスや機材などのハード関係の費用の比率が1としたら、人事・労務関係が3と想定しています。働く人のポテンシャルを最大限発揮してもらうことが事業全体に大きくプラスになることを考えれば、もしかすると労務管理は施設そのものよりも重要な要素となる可能性があります」(吉田氏)

　労務管理・働き方改革がうまくいかないとき、ダイレクトに影響を受けるのが植物だ。例えばナスの場合、収穫に適した時期はわずか3日。それを外すと、表面の艶が曇って食味も悪くなり、いわゆる「ぼけナス」になる。どんなに収量が上がっても、収穫する人の手が間に合わなければ価値はない。逆に人手が多すぎてもコストがかさみ、価格に跳ね返るか、生産者自身の費用負担が増大する。人の管理とナスの収量がぴったりと合ってこそ、消費者はおいしいナスを食べられることになる。

　今後、農福連携、外国人技能実習生の受け入れ、地域の人材との連携が持続可能な農業として注目されるなか、プロジェクトでは、農作業者の健康や安全を維持し、現場監督者と農作業者間の適切なコミュニケーションを促すことで、作業計画の見通し、適正配置や作業の効率化等の労務管理を効率的に行っていきたいという。

※　文中に記載の組織名・所属・肩書き・取材内容などは、すべて2019年10月時点(インタビュー時点)のものです。

● まとめ

背景と課題

　JA 全農では、生産者が安定した収益を確保できる営農モデルをつくり、これをパッケージ化して担い手に提案するため、次世代施設園芸「ゆめファーム全農こうち」でナス栽培に取り組んでいる。

　ナス生育に適したハウス内温度は、28 度前後と高温であるため、作業者の健康管理が重要である。さらに従来型の農業と異なり家族単位を超えた多数の人員がハウス内で農作業に従事する。今後、農福連携、外国人技能実習生の受け入れなど多様な働き方が進むなかで、各作業者の安全に配慮した効率的な労務管理のモデルづくりが課題の一つとなっていた。

取り組み内容

　ウェアラブルデバイスを活用し、作業者の体調管理と労務管理のためデータを収集・分析し、安心安全・効率的な農業経営の実現をめざして取り組んだ。

- 従事者が腕時計型ウェアラブルデバイスを装着。作業時の心拍数を事務所の基地局に無線で送信。
- 取得されたデータをクラウドに送り、パソコンで可視化するとともに、データ分析により、警戒域に達すると自動的にアラートを送信。
- さらに作業履歴と心拍数のデータを分析し、熱中症にかかりやすい環境・作業・場所の関連を把握し、事前の注意喚起につなげていく。

今後の展望

　高温多湿な環境による年間を通じた熱中症発症リスクや広大な面積における労務管理の適正化をめざし、IoT を活用することで、農業経営の高度化・省力化を推進する。

　また、作業従事者の健康管理に関わる専門的領域の判断・対応については、医療関係者の協力も得て進めていく。

　将来的には、収量増大、コスト最適化とともに、働く人の健康・労務の適正管理を図り、次世代施設園芸における農業経営をめざす。

労働の安全と効率化には
IoT 活用が不可欠
データ蓄積で栽培法改善にも

吉田 征司 (よしだ・せいじ) 氏
JA 全農　耕種総合対策部 高度施設園芸推進室 室長

—— JA 全農が温室を持ち、実証実験を行うのはなぜでしょうか。

吉田　少子高齢化にともなう人材不足と農作物生産量の低下という状況下で、解決策の一つとしての次世代施設園芸の確立が必要であり、それには IoT・ICT の活用が不可欠だと思っています。しかし、めざすべきところに一気にジャンプアップするには、現状とのギャップが大きすぎるという問題があります。もちろん、生産者が自発的に取り組んでいることもありますし、意識の高い地域の農協が牽引する場合もありますが、一部のみにとどまる可能性があります。

　そこで全国組織である JA 全農が広く日本で栽培されている野菜を使って実証実験を行い、成功事例としてパッケージ化することで、生産者が取り組みやすい環境を提供できるのではないかと考えました。もちろん栽培品種は限られるなど、完全ではありませんが、全国で次世代施設園芸の関心が高められたらと思っています。

—— JA 全農の「ゆめファーム全農こうち」において IoT を用いた農業従事者の健康管理および労務・勤怠管理のシステムを導入した経緯を教えてください。

吉田　農業従事者の労務管理を目的とした ICT システムは、実はオランダなどでも開発されており、実際に活用されています。ただ、一人ひとりの作業状況を可視化して順位づけして掲示するというような、ちょっと日本人にはなじまないシステムで、そのまま導入しても浸透しないことが予想されました。むしろ見えないながらも管理者が実働を把握してさりげなく作業者に伝えていくというスタイルの方が望ましいのではないかと考えたわけです。その方法として、ウェアラブルデバイスが適切なのではないかと目をつけていました。

　直接的なきっかけは、2019 年 5 月の NTT 東日本の「ソリューションフォーラム」で工業用の熱中症対策ウェアラブル端末の話を聞いたことです。もともと近年の温暖化によって熱中症などで健康を害する人も多く、高齢化が進むなか、労務管理という意味では健康管理が不可欠となるという認識がありました。

—— IoT システムを導入するにあたり、心がけたことや工夫されたことはありますか。

吉田　管理のためのデータを取るといえば、誰もが躊躇しますが、安全安心で命を守るためといえば、装着のハードルも下がります。そこで健康管理を基本とし、その上で労務管理、さらに作業状況の把握といった形で徐々にデータを取得していくことを考えました。

　最終的には一人ひとりの生産性なども分析していくことになるでしょうし、それが仕事の評価指標になることもあるかもしれませんが、欧米のように皆に知らせて競い合うというより、個別に知らせて各自が工夫

する、または全体最適化を図る
ためにどうしたらいいのかを管
理者が考える、そんな使い方が
できる仕様にしたいと考えてい
ます。

—— 実際に導入されてみてい
　　かがですか。腕時計型の
　　ウェアラブルデバイスを
　　装着されていると伺って
　　いますが。

西村　20代と50代の男性が出
勤と同時にウェアラブルデバイ
スを装着していますが、特に作
業の邪魔になることはなく、バ

西村 宙晃 (にしむら・ひろあき) 氏
JA全農
耕種総合対策部 高度施設園芸推進室

イタルデータや位置情報データもしっかり取れています。ただ、ハウ
ス内の気温は28度前後と大変高い状態で保たれているため、どのくら
いのレベルで警戒すべきなのかという部分は医療関係者の監修のもと
で「屋内での作業」を前提に再度検証し、閾値（しきいち）をチューニングする予定
です。同じ温度でも作業によって心拍数の上昇が違うので、作業ごとに
データを比較することも行っていきたいですね。

—— 今後の課題とICTに対する期待をお聞かせください。

吉田　取得したデータをその場限りの利用にとどめるのではなく、蓄積
し、予測のために活用することが大切だと考えています。例えば、作物
の生育状況をモニタリングして、今後どのくらい収量が出るか予測する
こと。そして収穫のためにどのくらい作業が必要で、それには何人で何
時間かかるのか。また、天気によってはどんな影響を受けるのか。これ
まで家族経営の農業では「家族が総出で頑張ればいい」「俺が徹夜すれ
ばいい」というやり方で乗り切ってきました。収量の変動をすべて天気
のせいにしていた部分もあります。しかし、これからは科学的に予測し
て対応することが必要になるのは間違いないでしょう。

　そのためには、丸々一年間のデータを漏らさず取得して履歴としていくことが重要です。まだまだ生産者が個別に工夫して模索している状態ですが、できることならデータを標準化して大量に集めた方が、分析による予測精度も高まり、より的確な解決策を見出せるようになるでしょう。加えて、過去の失敗から学び、回を重ねるごとに改善していくことが大切でしょう。それは決して熟練者の勘と経験を否定するものではありません。そこから得た結論の精度を高めつつ、気づかぬ部分を補完するものとして、数字・データでの見える化が役に立つことを示していきたいと思っています。

第 3 章

浜松市・クレソンの土耕栽培

クレソン栽培法の確立めざし IoT データを分析・活用！

株式会社新菜園

静岡県浜松市

　ステーキやハンバーグなどの肉料理の付け合わせとしてずっと脇役的存在だったクレソンだが、近年ではその栄養価の高さから、主役になる野菜として注目を集めている。そんなクレソンを主軸に葉物野菜を生産・販売しているのが静岡県浜松市にある新菜園だ。新菜園のクレソンは「浜名湖クレソン」というブランド化にも成功。「もっと柔らかい、もっとおいしいクレソンを提供したい」という思いから、2019年1月よりIoT機器を導入。クレソン栽培の基本の確立に向けてデータを蓄積し、知見の収集に努めている。

「浜名湖クレソン」が生まれた背景

　静岡県西部に位置する政令指定都市浜松市。戦国時代は浜松城の城下町として、また江戸時代には東海道の宿場町として栄えた。近代に入ってからは繊維や楽器、輸送用機器などの工業に加え、天竜川流域の平野部や三方原台地、浜名湖の沿岸部では農業も盛んで、さまざまな農産物が生産されている。

　そんな浜名湖沿岸にほど近い、浜松市西区雄踏町と村櫛町に農地を構え、「浜名湖クレソン」という名称でブランド展開しているのが新菜園である。

　新菜園の創業は 2014 年 2 月。立ち上げたのは、現在、代表取締役を務める渥美寿彦氏である。渥美氏は 2010 年東京農業大学農学部卒業後、農作物の鮮度保持の研究をさらに深めるため、東京農工大学大学院に進学。2012 年に大学院修了後、大手農薬メーカーに勤務し、農薬の販売活動に従事していたという。

　そんな渥美氏が農業へ転身したのには理由がある。小さい頃は「おじいさん子」だったという渥美氏。「祖父が作っていたのは、リーキ（ポロ

● スーパーで販売される浜名湖クレソン

ネギ）と呼ばれる西洋ネギ。祖父は『日本国内でリーキを作っているのはうちだけだ』とすごく自負を持っていました。そういう祖父の生き方が楽しそうでいいなと憧れていました」（渥美氏）

　2014 年 2 月に農薬メーカーを辞めて、地元に戻り新菜園を創業。当時は渥美氏の父が祖父の農業を継いでいたが、「自分の考えで農業をしたい」という思いから、30 アール（3000 平方メートル）の小さな農地を借り、祖父が生産していた西洋ネギの栽培からスタートしたという。

　クレソンとの出会いはそれから 1 年ぐらい経った頃。浜松市中央卸売市場の担当者と仲良くなり、渥美氏が「どんなものが必要ですか」と尋ねたところ、「クレソンが欲しい」と言われたのだという。「そのひと言がなければ、クレソンの栽培には至らなかったかもしれません」と渥美氏は振り返る。

　クレソンはヨーロッパ中部原産のアブラナ科の多年草で、非常に繁殖力の強い植物だ。「本来の生育適温は 15 ～ 20 度ですが年中収穫できる強い植物です」と渥美氏は語る。

　主な産地は山梨県と栃木県で、その 2 県で収穫量全体の約 7 割強を占める（農林水産省統計）。山梨県のクレソン生産地は南都留郡道志村という県南東部の村。川水が豊富なことから、クレソン栽培が盛んに行わ

● クレソンの葉（拡大写真）

れている。山間で作っており、冬場はアントシアニンという色素が多くなり、葉が濃い色なのが特徴だという。一方、サラダ用に青々とした色のクレソンを作れるのなら購入したいと卸売業者の方に言われ、そのことがきっかけの一つとなったという。

また、農村社会学の研究をしていた大学院時代の友人がいたことも功を奏した。「彼が三重県松阪市飯高町でクレソン栽培を営んでいる方を紹介してくれたのです。その方はおいしいクレソンを広めたいという思いから、クレソンの創作料理店も営んでいるような方。私が訪ねても惜しげもなく農場を見せてくれ、株分けもしてくれました。その株が『浜名湖クレソン』の源なんです」（渥美氏）

先進の篤農家の話を聞き クレソンに特化した農家に転身

クレソンの株を手に入れた渥美氏だが、すぐに現在のような「クレソンに特化した農家」になったわけではなかった。クレソンは品目の一つでしかなく、そのほかにも、卸売業者や仲卸業者、小売店などのニーズに応え、小松菜や葉ネギなど栽培品目を増やしていたという。

だが、2016年に浜松市が開催した農業経営塾に参加したことで、経営方針が変わった。「先進的な農業に取り組んでいる篤農家の方の話を聞くと、必ず何か一つ、軸となるものを持っているんです。そしてその効率と収量を上げていくという経営戦略を取っていました。そのとき、軸を作ることができていないことに気付きました」（渥美氏）

では軸となる作物をどうするか。そこで着目したのがクレソンだった。「クレソンの作付けデータを見てみると、1988年のバブル期が収穫量のピークで、バブルが弾けると出荷量は右肩下がりとなり、また2002年のITバブルの頃に伸びて、リーマン・ショックからまた右肩下がりになりました。ですが、2014年にアメリカ疾病予防管理センター（CDC）から慢性疾患の予防に関する研究論文が発表されたことで、クレソンに注目が集まります。同論文では、健康に重要とされる17の栄養素の含有量をもとに食品をスコア化しているのですが、その第一位にクレソンがランキングされたのです。クレソンにはアンチエイジングには欠かせないβ-カロテンや、美肌やむくみ改善に効くビタミンCなど

が豊富に含まれています。また、繊維質を摂取できることで便秘の解消にも役立ちます。このようにクレソンが美容や健康に良いということから、個人消費も増えてきたのです」（渥美氏）

　テレビ番組でクレソンを取りあげられたことも、追い風となっているという。現在、クレソンはスーパーなど身近で買える野菜となっており、「40代や50代、60代の人たちの購買が伸びています。やはり〝クレソン＝健康増進〟というイメージが定着しつつあるんでしょうね」（渥美氏）

🟤 他のクレソンと差別化を図りブランドを確立

　クレソンの消費が伸びているとはいえ、新菜園のクレソンはかなりの後発だ。だが、「勝算はあると考えた」と渥美氏は語る。まず、浜松市で栽培されていたクレソンの多くは水耕栽培。しかし新菜園は土耕栽培である。「クレソンは足が速い作物です。水耕なら約3日で鮮度に影響が出始めますが、土耕なら5〜6日は持ちます。実は、この差はとても大きいのです」（渥美氏）

　この特徴を生かすことで、現在、浜松市内で新菜園のクレソンは1社で40％近くのシェアを獲得しているという。

　次に同じ土耕栽培で他の地域のクレソンとは、どのような差別化ができたのか。例えばクレソンの一大生産地、山梨のクレソンとの比較においては、先述したようにサラダ用途に特化することで差別化を図ったという。

　また、クレソンは、5月から9月にかけて時節的に欠品しやすくなるらしい。そのシーズンになると、クレソンの大消費地である東京・大田市場の卸売業者である東京青果などから、新菜園に問い合わせがくるという。新菜園はハウス栽培の利点を活かし、収穫期を調整してこの時期に対応することができる。このように新菜園のクレソンには独自の特徴がある。その特徴を強みにして、2018年から「浜名湖クレソン」というブランド展開を開始したのだ。同年10月、民放テレビ番組で「浜名湖クレソン」が取りあげられたことで、「浜名湖クレソン」の認知は一気に広まった。

　クレソンは1〜2ヶ月で収穫ができるため、年に5〜6回転できると

● クレソンを出荷する

いう。繁殖力が強い植物のため、栽培自体は「それほど難しくはない」
と渥美氏は語る。

⬤ 青く柔らかいクレソンをロスなく作りたい

　クレソンの生産を始めて４年経ち、渥美氏なりの生産のためのノウハ
ウも溜まりつつあるという。クレソンは地面に接した茎の節から根を出
し、その根が土に活着して成長するとその株が親となり、子株を増やし
ていく。その子株を分けて植え替えれば、またそれが親株となり大きく
育っていく。渥美氏は常に青くて柔らかなクレソンを収穫するため、株
は２〜３ヶ月で更新する。

　また、土壌に牡蠣殻を混ぜているのも、新菜園ならではだ。牡蠣殻に
は肥料となるカルシウムが豊富に含まれる。こうした点が新菜園のクレ
ソンのおいしさにつながっているのだ。

　現在、新菜園では８棟のビニールハウスでクレソンを栽培。収穫量は
月約８万本。年間だと100万本収穫し、浜松市内や首都圏の一部スー

パー、さらに Amazon や楽天市場などのネットショップで販売している。

　だが、本当においしい青くて柔らかいクレソンをロスなく作るためにはどうするか。「そういった体系的な知識がクレソンにはまだないんです。例えばネギであれば育苗だけで 20 ～ 30 ページぐらい書かれた書物があります。ですので、困ったことがあればそういう書物を見れば、だいたい解決できます。それがクレソンにはない。それが一番の課題なんです」(渥美氏)

　冬場に低温にさらされるとアントシアニンで葉の色が濃くなるという特徴についても、それが何度以下で、どのくらいの時間でそうなるのかは分からないのだという。また茎が固くなる原因もよく分かっていない。

「茎が固くなる原因の一つとして、花芽が付くことがあげられます。花芽形成を誘導するフロリゲンというホルモンがあるのですが、そういうホルモンがあるということは 1936 年に提唱されていたものの、その存在が確認されたのは 2007 年とごく最近のことなのです。クレソンの花は日照時間が 12 時間以上になる 3 月 20 日頃に咲きます。花が咲くと固くなってしまうので、その前に一定期間の低温に曝露される必要があります。どうすれば花の影響を最小限にできるのか、方法はまだ分かっていない。もしそういうことが分かれば、年中柔らかいクレソンを収穫できるようになります」(渥美氏)

　そのほかにもおいしいクレソン作りのトリガーはあるかもしれない。それが最適化できれば、コスト削減もできるかもしれない。そうするとクレソンの生産効率を上げることができ、普及にもつながる。

　現在、浜名湖クレソンのネット通販での価格は 500 グラムで税込3080 円。スーパーなどで売られているクレソンは 1 袋 50 グラムなので、それが 10 袋入っている計算だ。つまり一袋あたり 308 円ということになる。生産効率のアップで価格を下げることができれば、一層ポピュラーな野菜として広まっていくことが期待される。

● クレソンにパイプから水を供給する

青く柔らかなクレソン作りを阻む原因を 特定するため IoT を導入

　「より青く柔らかなクレソンにすることで、サラダに適したクレソンの収穫量を増やしたい」――。そのためには、原因を特定するためのさまざまな栽培に関する情報の蓄積が必要になる。そこで考えたのが、IoT の活用である。

　クレソン栽培の基本を確立したいと考えた渥美氏は、複数の IoT システムベンダーに声をかけ相談したが、いずれのベンダーも資料を送付してきたという。ところが、NTT 東日本は電話をすると窓口が変わり、農業 IoT ソリューション専門チームの担当者がすぐさま訪ねてきたという。「実際の圃場も見てくれ、クレソン栽培が抱える課題を解決するために、どんな情報を収集したいかなど、話を聞いてくれたのです。例えばカメラの設置方法なども相談に乗ってくれました。この人なら信頼できる、今後もいろいろ相談に乗ってサポートしてくれる。そう思い、NTT 東日本が提供する農業向け IoT ソリューションの導入を決めました」（渥美氏）

　新菜園が導入した IoT ソリューションは、Wi-Fi と農業 IoT センサー、

農業 IoT カメラで構成され、運用サポートサービスも組み込まれているのが特徴だ。農業 IoT センサーでは、温度、湿度、日射量、土壌水分、CO_2 濃度が取得でき、接写カメラではクレソンの状況などが撮影できる。またハウスの天井に設置した農業 IoT カメラでは、ハウス全体の様子を動画で撮影できるようにした。IoT センサーで収集した環境情報は、パソコンはもちろん、スマートフォンでも確認できる。

2019 年 1 月に、8 棟あるハウスのうちの 1 棟にこれらの IoT 機器を設置し、運用を開始。「まずもって葉が黒くなったり、茎が固くなったりする原因を検討できるよう、元データとなる環境データを収集するためなので、まずは 1 棟で十分だと判断しました」（渥美氏）

ユニークなのは、IoT センサーや接写カメラを固定式にしなかったことである。「ワイヤレスのシステムだったので、取りたい場所の情報を取得できるよう、可搬式にしました」（渥美氏）

カメラの三脚を利用した可搬式で、上部に板を取り付け、IoT センサーの情報を収集する機器とカメラなどを付けているのだ。IoT ソリューションを導入する以前から、こまめにクレソンの様子を撮影していた渥美氏。IoT カメラを設置した今も、その作業は続けている。「IoT カメラは圃場全体の様子は分かるのですが、細部がよく分からない。だから、圃場に赴き、定期的に撮影をしています。センサーで取得した気象や土壌の条件下におけるクレソンの様子が画像なら一目で分かるので、後で検討する際、非常に有益な情報になるんです」（渥美氏）

つまり青々と茂っているクレソンが、黒くなったり、枯れ始めたりしても、そのタイミングがつかめるので、どういう気象・土壌条件になるとそういう現象が起こるのかなど、原因の見当をつけることができるというわけだ。

品質向上へさまざまなデータを収集・分析

「クレソンが固くなる条件の一つに花の影響があると言いましたが、花をなるべく咲かせないようにすることは、来年には実現できるかもしれません」と渥美氏。この間の IoT のデータから、フロリゲンが出るのは一定の気候条件になったときだと分かり、それを避ける方法が見つかってきたのだ。

● センサーやカメラを三脚に付けて可搬式に

　当初 IoT カメラは圃場見回りの省力化を目的としていたが、「圃場全体のクレソンの生育状況の確認や、クレソンの収穫を手摘みで行う際の場所の指示に活用しています」と渥美氏は語る。用途を拡大しているのだ。

　IoT センサーでさまざまなデータを収集することで、クレソンの栽培に関するより専門的で体系的な知識が渥美氏のもとに集まりつつある。「サラダに適したクレソン栽培に関するノウハウが溜まれば、より品質の高い作物をより安く消費者に提供することができます。またそのノウハウを新規参入の農家に提供するというビジネスも展開できます」（渥美氏）

　現在、設置している IoT センサーで取得できている情報だけで、クレソンの葉の黒色化や茎が固くなる原因のすべてが解明できるわけではない。「クレソンの栽培には水が大きく影響を及ぼします。例えば流速や流量、溶存酸素量、pH などが測定できればいいなと考えています。今は水がよどんでいると、葉が黒くなったりするのですが、水が単に流れないからなのか、溶存酸素量が減るからなのか、肥料分が溜まるからなのか、その原因がよく分からないのです。原因の解明ができれば、機械化も可能になる。また流量や流速が測定できれば、節水も可能になり

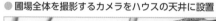

● 圃場全体を撮影するカメラをハウスの天井に設置

ます。そうすればコストダウンでき、グラム単価を下げられる可能性も
あります」（渥美氏）

　品質のさらなる向上に向けた渥美氏の探求心は高まっている。IoTの
活用用途を一層広げ、得られた知見を専門ノウハウとして磨いていきた
いようだ。なるべくコストをかけずに、これらの情報を収集するための
方法を、NTT東日本の担当者とともに探っている最中だ。

水に関するデータを収集し、より効率的な生産、収量アップをめざす

　渥美氏が水関係のデータ取得にこだわるのには理由がある。毎年
「Watercress festival（クレソン祭り）」が開催されるイギリス・ハンプ
シャーのクレソン農家では、土ではなく細かい礫を敷き詰めた上でクレ
ソンを育てているからだ。「しかも収穫する人たちは、スタスタとクレ
ソン畑を歩いているんです。その様子を見ると、地面をコンクリートで
固めているのではないかと思ったくらいです。それなら、もう少し水を
減らせるのではないかと考えています」（渥美氏）

　少ない水量でクレソンが栽培できるのであれば、水が豊富に取れる場

所にこだわる必要もなくなる。例えばクレソンの主要需要都市東京で栽培ができれば、より新鮮なクレソンをより早く、より安価な配送料で届けることができるようになる。「クレソン栽培ではそんなに大きな敷地は必要ありません。2000平方メートルもあれば、6回転するので、1.2ヘクタール作付けするのと同じことになる。首都圏なら雇用も容易ですからね」（渥美氏）

　東京でのクレソン栽培は、まだ先になるかもしれないが、まずは浜松市の地元でクレソン畑の面積拡大を図っていくという。「ここには遊休地がたくさんあり、そこをクレソン畑に転用できれば、収穫増が見込めます。クレソンの栽培にかかる経費はほぼ人件費、固定費なんです。だから限界利益率も計算しやすく、規模拡大もしやすいんです」（渥美氏）

　サラダに合うおいしいクレソンを大量に栽培し、一般家庭に浸透させていく。そのためには、おいしいクレソンを効率的に栽培する方法を確立することが欠かせない。新菜園のIoT活用はクレソン栽培に関する体系だった知識を構築するための第一歩。今はまだスーパーなどの店舗では、小さな棚でしか扱われていないクレソンだが、数年後には浜名湖クレソンがトマトやレタス、キュウリのようなサラダに欠かせない野菜として大きな棚で扱われる存在になっているかもしれない。IoTを駆使

● 圃場の様子と栽培データを記録し研究に活用

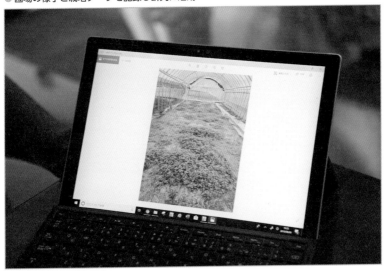

● 新菜園の IoT を活用した取り組みの全体イメージ

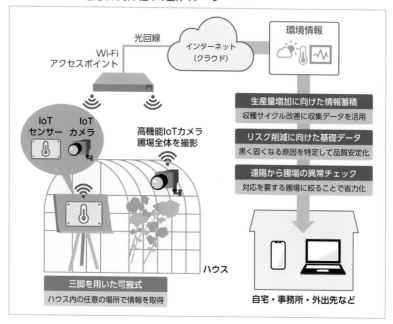

することで、新菜園は日本の食卓でクレソンという野菜が日常になる日をめざしていく。

※　文中に記載の組織名・所属・肩書き・取材内容などは、すべて 2019 年 8 月時点（インタビュー時点）のものです。

まとめ

背景と課題

　クレソンの土耕栽培を行う新菜園では、クレソンのさらなる生産性向上と普及拡大を図るため、次の課題を抱えていた。

- クレソンには、体系化された栽培方法がまだ確立されていない
- さらなる普及には、良質のものを大量に効率よく生産できるノウハウとそのもとになる栽培データが必要

取り組み内容

　IoTセンサーとカメラをハウス内に設置し、データをクラウドに上げて、ハウス内環境と生育の状態を随時スマートフォン等で確認できるようにし、圃場以外からもきめ細かい管理ができるようにした。
　また、これらで得たデータを蓄積し、他の環境情報を合わせた分析により、独自の栽培法を探求できるようにした。

- 温度、湿度、日射量、土壌水分、CO_2濃度を農業IoTセンサーで測定。データをクラウドに蓄積
- IoTカメラにより、クレソンの生育状態を遠隔地でも確認、さらに他の画像とともに分析に活用

今後の展望

　クレソンは水生植物のため、水の流量や流速など水の環境に影響を受けやすい。上記で取得した栽培情報や水流との因果関係がデータを通じて解明できれば、より効率的な生産方法を見つけ出すことができるようになる。
　青さ、柔らかさを両立したクレソンをロスなく栽培できれば、価格競争力を持ったブランド品を安定供給でき、市場での普及拡大につなぐことができる。

IoT で蓄積したクレソンのデータを 品質安定や収量増につなげる

渥美 寿彦 (あつみ としひこ) 氏
株式会社新菜園 代表取締役

—— クレソンの栽培において抱えていた課題について教えてください。

　青々としておいしいクレソンを安価に生産するのが、私の夢なのです。クレソンは、β - カロテンの抗酸化作用が成人病予防にも効果があるといわれており、薬膳料理の世界ではよく知られていました。栄養価はもちろんのこと、味も香りも独特な風味がありサラダに絶好の野菜ですので、皆さんにたくさん食べて欲しいと思っています。

　そのためには、年間を通して、色も歯ごたえも最高の状態で市場に安定的に送り出せるようにしたいのですが、クレソンは他の一般的な野菜と違って、栽培方法が体系化されていないのです。そこがクレソンを生産する最大の課題なんです。

　またもう一つの課題が、ポピュラーな野菜として認知されていないこと。それを阻む要因となっているのが価格の高さです。トマトやキュウリのように一般的に使われる野菜としては広まっていません。より効率的な生産方法を確立し、コスト削減と収量を増やすことが必要だと考えています。

　クレソンには栽培に関する体系的な資料がありませんので、試行錯誤を繰り返さなければならないのが現状です。そこでその検討材料となるデータを集めたいと思い、IoT の導入を決めました。

—— NTT 東日本が提供する農業 IoT ソリューションに決めた理由について教えてください。

　いくつかのベンダーに連絡をしたのですが、そのほとんどのベンダーは資料を送付してきただけだったのですが、NTT 東日本だけは農業IoT ソリューション専門チームが訪ねてこられたのです。圃場をみてもらい、私が抱えている課題に対して、このようなソリューションであれば解決できるのではといろいろ相談に乗ってくれました。ソリューションの内容自体はそれほど大きな差があったわけではありません。ですが、これからの発展を考えると、そういう人と人とのつながりや信頼関係が決め手になったと思いますし、選んでよかったと思っています。

—— 農業向け IoT 導入でどのような効果が得られたのでしょう。

　8 棟あるビニールハウスのうちの 1 棟に、Wi-Fi、農業 IoT カメラ、農業 IoT センサーを設置しました。農業 IoT センサーで取得できるのは温度、湿度、日射量、土壌水分、CO_2 濃度。IoT センサーはデータを取得したい場所に移動できるよう、カメラの三脚を使って可搬式にしました。これも NTT 東日本の担当者と知恵を出し合ってできた工夫です。また可搬式の IoT 装置には接写カメラも設置されているため、データを取得している場所のクレソンの様子が撮影できるようになっています。

　またハウスの天井には IoT カメラを設置。圃場全体の様子を動画で確認できるようにしています。

　IoT センサーを導入した最大の効果は、各種検討の元データとなる環

境情報が収集できたこと。この環境情報と私が圃場を訪れる度に撮影している写真、IoT の動画映像などを活用し、例えば葉が黒色化する、花が咲くなどの変化があった際、どういう気象、土壌条件がかかわっているのか、データから探ることができます。今はデータを蓄積している段階。蓄積したデータを活用して、今後は品質安定や収量増につなげていきます。

—— 今後の展望について教えてください。

　クレソンは水の影響を大きく受けます。水の流量や流速などのデータ収集ができれば、青々とした柔らかいクレソンという品質の安定だけではなく、コスト削減にもつながるのではと考えています。

　また最適な流量が分かれば、節水することができるでしょう。そうすると、コスト削減が実現し、価格も下げることができるかもしれません。より効率的な生産方法を確立し、圃場を拡大し、収量アップを図っていく。そうすることで、クレソンをポピュラーな野菜にしていくことができます。

　クレソンは、健康や美肌に欠かせない成分が含まれています。それらの栄養を効率的に摂るなら生で食べるのが一番。そのためにも柔らかくておいしい浜名湖クレソンをもっと多くの人に食べていただけるよう、IoT を駆使して品質の安定、収量増を図っていきたいですね。

第 4 章

福島県富岡町・水稲栽培の再開

米の有機栽培で復興に挑戦
IoTで営農再開をサポート

- 営農再開生産者
- 東京農工大学

福島県双葉郡富岡町

　福島県双葉郡富岡町は、福島県浜通り地区と呼ばれる太平洋に面した地域のほぼ真中に位置する。2011 年の大震災後 2017 年 4 月から避難指示が解除され、営農も再開されたが、その多くは避難先からの「通い農業」だ。そうした営農家を学術機関も支援している。東京農工大学はその一つだ。同大学では福島イノベーション・コースト構想促進事業の一環で、営農再開生産者・渡辺 伸 氏の協力の下、営農再開地域における先進的なオーガニック作物生産技術の開発に取り組んでいる。IoT とスマートフォンを使った有機水田の自動開閉水門装置、クラウドによる気温、水温、水位データの記録システムを水田に導入、農業 IoT の有効性を検証している。

福島県は日本でも有数の米どころ

　農林水産省の 2018 年産作物統計「平成 30 年産水陸稲の収穫量」によると、全国 6 位の収穫量を誇る福島県は、日本でも有数の米どころである。福島県は南北に走る阿武隈高地と奥羽山脈という 2 つの山地によって隔てられ、東から浜通り、中通り、会津という 3 地域に区分される。いずれの地域においてもそれぞれの気候や風土など特性に合わせて、おいしく、高品質な米作りが行われている。「コシヒカリ」「ひとめぼれ」のほか、福島県のオリジナル品種「天のつぶ」「里山のつぶ」などが代表例だ。

　最も東寄りで太平洋に面している「浜通り」地方のほぼ真ん中に位置する町が福島県双葉郡富岡町である。富岡町は平均気温が 12.8 度で四季を通じて過ごしやすく、温暖な気候に恵まれていることから、水稲を中心とした農業が盛んに行われてきた。その富岡町の農業が一変したのが、2011 年 3 月 11 日の東日本大震災である。大きなダメージを受けた富岡町は町ごと避難対象となった。6 年後の 2017 年 4 月 1 日にようやく帰還困難区域を除き、避難指示区域の設定が解除、住民の帰還が進んでいる。それにともない、町の再生、復興への取り組みが本格化し、徐々に活気を取り戻しつつある。

　富岡町で代々、農業を営んできた渡辺伸氏は、避難指示区域の設定解除とともに、いち早くこの町に戻り、営農を再開した一人である。「営農を再開するのなら、時間を置かずに始める方がよいと思ったので」と渡辺氏は明るく微笑む。

　とはいえ、すぐに避難以前の営農状態に戻れたわけではない。富岡町の震災前の水稲作付面積は 563 ヘクタール。富岡町は営農再開に向け、放置してきた農地を利用可能な状態に回復するため、550 ヘクタール分の草刈りと除染作業を行い、保全管理をしてきた。除染作業は水田の表土を砕いて約 10cm 削り取り、そこに客土を入れるという作業である。その客土には水田に必要な養分は含まれていないため、有機物の減少した土の状態となった。「作物を育てるには土と肥料と水が必要ですが、この中で最も重要なのが土、つまり地力なんです。地力の作物に与える影響は 7 割だと思っています」（渡辺氏）

営農再開に向け、東京農工大学が支援

　地力のない農地での営農再開。本当に収穫ができるのか、不安のある中で営農を再開する渡辺氏たちを支援したのが、福島県が新たな拠点として2015年に開設した「農業総合センター 浜地域農業再生研究センター」である。浜地域農業再生研究センターでは、帰還する農業者のために、避難指示解除準備区域で除染後農地におけるさまざまな栽培に関する実証実験を行い、成果を報告、営農再開のための知恵を蓄積してきた。もちろん、その中には米の栽培も含まれている。2015年には1.8ヘクタール、2016年には3ヘクタールの田んぼで栽培を実施している。渡辺氏自身も他の仕事に従事しながら、営農再開に向け「自分なりにやり方も考えていた」という。とはいえ、専門的な知識は不可欠である。「そんなとき浜地域農業再生研究センターから、東京農工大学の先生を紹介されたのです」と、東京農工大学大学院 農学研究院生物生産科学部門 大川泰一郎教授との出会いについて渡辺氏は語る。

　東京農工大学では震災の翌年から、原発事故の影響が少なかった中通り地域の二本松市を中心に、営農再開を支援するための研究活動を行ってきた。

● 収穫が近づいた稲の様子

2012年度から2016年度には文部科学省の特別教育研究費による福島農業復興支援バイオ肥料プロジェクト「大学固有の[*1]生物資源を用いた放射性元素除去技術、バイオ肥料・植物保護技術開発」を実施。

2015年度から2017年度は農林水産省の営農再開プロジェクト「放射性セシウム吸収抑制メカニズムの解明」を実施。

2017年度から2019年度は農林水産省地域戦略プロジェクト「福島農業再生のための水稲直播栽培による超多収/高バイオマス品種とバイオ肥料を活用した飼料用米の低コスト高収益生産技術実証研究」に取り組み、「復興知」を蓄積してきた。

富岡町が抱える課題

富岡町の農業復興にはさまざまな課題がある。中でも最大の課題は帰還率が低く農業従事者が少ないことだ。避難先からの「通い農業」を余儀なくされている人もいる。渡辺氏もその一人で、毎日約50キロ離れたいわき市の避難先から通っている。

営農再開の初年度、渡辺氏が作付けした面積は60アール（約6000平方メートル）である。作付けに選んだ品種は「天のつぶ」。「倒伏やいもち病に強く、安定した品質と収穫が期待できる水稲新品種で、作りやすいことから選びました」と渡辺氏は明かす。作付け前は「米ができるのか不安だった」というが、順調に生育し、収穫もできた。「これはかなり自信になった」という。翌2018年はその4倍となる2.4ヘクタールの作付け。これは震災前の10ヘクタールに比べると、4分の1の面積である。「通い農業」かつ家族の手を借りずに一人でそれだけの水田を運営し、さらに営農を再開していない土地の保全管理作業、加えて獣害対策も行わねばならない。「必死でいろいろ工夫しないとやっていけない」と渡辺氏は語る。

必要に駆られて農作物の生産に不可欠な農業用機械を購入し、要した経費の4分の3を補助してくれるという国庫補助金を申請した。この補助金により、震災前に使っていた、収穫した籾を乾燥、調整、選別するための機械類を再導入したのである。「例えば着色粒と乳白粒の個別検

[*1] 大学が有する復興知を活用するプロジェクトであるため、「大学固有の〜」との名称が付けられている。

出をする色彩選別機を導入しました。個人の農家としては、贅沢とも言える環境かもしれません」

　導入した機械は2018年より使い始め、かなりの省力化に貢献。2019年度は3.0ヘクタール作付け。2020年度には4～5ヘクタールを作付けする予定となっている。「原子力被災12市町村農業者支援事業として行っているので、2022年度までには8ヘクタールにまで作付面積を戻していかなければなりません。そのためにはより効率的な手段の導入が求められるのです」（渡辺氏）

　渡辺氏をはじめ富岡町の営農家は、震災前から付加価値の高い有機農業を行ってきたところが多いという。有機農業とは、「化学的に合成された肥料及び農薬を使用しないこと並びに遺伝子組換え技術を利用しないことを基本として、農業生産に由来する環境への負荷をできる限り低減した農業生産の方法を用いて行われる農業」と、有機農業推進法で定義されている。

　このような栽培条件を満たしていると登録認証機関から認められると、有機食品の認証制度「有機JASマーク」が取得できる。有機JASマークがついた特別栽培米は高く売れるが、育苗や水管理、栽培管理などに手間がかかることになる。そこで「自宅からでも圃場を監視できるようにするなど、作業の効率化、省力化した仕組みを構築しないと、作付面積の拡大は実現できないと考えました」（渡辺氏）

　富岡町が抱えるもう一つの課題は、風評被害である。この対策としても、売れる作物作りは欠かせない。有機農業はそのための有効な方法の一つであり、富岡町自体も「売れる作物」の栽培を推進しているのだ。

　富岡町では2017年に農業復興に向けた具体的な取り組みとして「農業アクションプラン」を策定し、実行している。そのプランによると、2028年までに280ヘクタールの営農再開をめざしており、このプランを実現するには、産官学連携が不可欠とされている。このアクションプランにも東京農工大学は協力している。

⚫ 大川教授が進める「営農再開地域における 先進的なオーガニック作物生産技術の開発」

　渡辺氏をはじめとする富岡町の営農家が抱える課題を解決するため、

大川教授が渡辺氏の水田を借りて2018年から取り組んでいるのが福島イノベーション・コースト構想促進事業の一つ、「営農再開地域における先進的なオーガニック作物生産技術の開発」である。

　福島イノベーション・コースト構想促進事業とは、浜通り地域などにおいて、福島の復興に資する知に関する学術・研究活動を根付かせるとともに、大学間・研究者間の相互交流、ネットワーク作りを推進する事業を通して、地域再生をめざすというものだ。

　東京農工大学が取り組んでいるこの事業は、大きく3つのテーマに分かれる。

　第一のテーマが、福島県育成品種と東京農工大学育成品種による良食味水稲品種、酒米、飼料用品種のオーガニック生産技術の開発である。有機栽培、特別栽培に適した養分吸収特性、養分利用効率の高い水稲新品種の開発を行うと同時に、無農薬・減農薬技術の開発を行うという事業になる。2019年度は渡辺氏の水田の一部を借り、福島県が育成した良食味品種（天のつぶ）、福島県で栽培されている飼料米品種（ふくひびき）、東京農工大学が育成した品種（モンスターライス1号、モンスターライス2号、モンスターライス4号）の5品種を化学肥料区、無処理区、緑肥区（栽培した植物を収穫せずにそのまま田にすき込んで耕し、肥料

● 高さの異なる複数の品種の稲を栽培

とすること）、緑肥＋有機質肥料区という栽培条件下で栽培し、有機栽培に適した品種の特性を分析・検討するという研究を行っている。

　この研究テーマに関わっているのは大川教授だけではない。例えば湯温消毒法の研究については、大川教授と同じく東京農工大学農学研究院生物生産科学部門 植物育種学研究室の金勝一樹教授が関わっている。

　その研究の中では、事前乾燥＋湯温消毒法の検討も行われている。この方法を使うことで、稲の代表的な病気の一つ「ばか苗病」を防除することができるという。ばか苗病とは稲の苗にカビの一種が発生することによって起こる病気で、植物ホルモンであるジベレリンが分泌され、苗が徒長し、最終的には枯死してしまう。さらにこの病気がやっかいなのは、カビの胞子が健全な籾に感染すると、翌年の発生源となってしまい、収量に大きな影響を与えてしまうことだ。

　化学農薬を使わずクリーンにカビや細菌による病気を防除する技術として、従来、用いられてきたのが種籾の湯温消毒法である。だが従来の消毒条件「60度の湯に10分間つける」という方法では、ばか苗病を防除しきれなかったという。というのもばか苗病の防除には63度以上の高温での処理が必要だったからだ。「もっと高温のお湯につければいいじゃないか」と思うかもしれないが、そう簡単な話ではない。高温に耐性がないのは、カビや細菌だけではない。種籾も高温耐性が低いのだ。つまりより高温にさらされると、消毒できても発芽しないリスクが高まってしまう。

　金勝教授は事前乾燥処理を行い、消毒する前の種籾の水分含量を10％まで下げることで、種籾の高温耐性の強化を実現。これにより65度で10分間湯温消毒することを可能にしたのである。2019年度、渡辺氏はこの方法を適用したところ、「有機栽培に利用するすべての育苗箱で、ばか苗などの病気の発生がありませんでした」と自信をもって語る。

 ## クラウドによる水位、水温、気温データの記録システムを導入

　第二の研究テーマは、「IoT、AIを利用したオーガニック水田、畑の省力水管理、点滴灌漑システムの開発」である。大川教授たちが求めた

条件は育苗ハウス内の温度管理を適切に行うことや、稲の生育状況を遠隔地よりカメラでモニタリングできること、自動水門開閉装置を設置し、自動で水管理を行えるようにすることである。

これらを実現するには、インターネットとの接続が不可欠である。だが、渡辺氏の圃場にはインターネットが敷設されていない。

そんなとき、JAグループが郡山で開催したアグリフェアで出会ったのがNTT東日本の担当者である。「水田にインターネットを敷設してほしいのだがと相談しました」と渡辺氏は振り返る。渡辺氏はNTT東日本の担当者に「まず自宅から圃場の水位を管理できるようにしたい」と語り、さらには「スマート農業を体現し地域の復興のためにも営農再開に貢献したい」という思いも吐露した。

渡辺氏の要望を満たすため、担当者は圃場に出向き、現場の状況を確認。インターネット環境が整っている旧自宅敷地内の農業倉庫と圃場が無線でつながれば、圃場内にインターネット環境ができ、IoT機器を設置できると判断した。とはいえ、倉庫と圃場との間で100〜150メートル、所によってはそれ以上の所もあり、Wi-Fiの電波が届くという保証はない。このため、圃場内を歩き回り、電波の状況をテストし、実際に使用可能かどうかを検討した。また、併せて機器を動作させる電力の確保も検討し、最適な電力容量が確保できるソーラーパネルを選定した。

こうして渡辺氏の要望と東京農工大学が進めるプロジェクトのプランを満たす手段としてNTT東日本が提案したのが、Wi-Fiを活用したIoTのソリューションである。農業IoTセンサーと農業IoTカメラを組み合わせたクラウドを活用したソリューションだ。農業IoTセンサーには温度や湿度、日射量など圃場の環境を測定する複数のセンサーが組み込まれており、圃場環境を自動で計測し、その情報を2分おきにクラウドに送信する。それらの情報はクラウドですべて蓄積され、データを分析することができる。そのほか、気象データの集計、異常を検知し警報をスマートフォンやPCに送信することもできる。このソリューションを使うことで、育苗ハウス内の温度管理を適切に行うことはもちろん、農業IoTカメラを使えば生育状況を遠隔地でも監視できるようになる。

2018年、東京農工大学はNTT東日本の農業IoTサービスとITベンチャー企業が開発した自動水管理システムを使い、IoTセンサーとス

● センサー、カメラの情報を圃場から送信

● 温度・湿度の状況をスマートフォンで確認

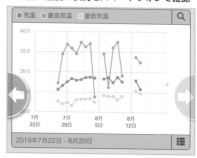

マートフォンによる自動水門開閉装置、クラウドによる水位、水温、気温データの記録システムを構築、導入した。

Wi-Fi のアクセスポイントの設置場所は渡辺氏自宅敷地内の農業倉庫。道路を隔てて圃場が広がる。一般的に Wi-Fi の電波が届く範囲は屋外では障害物なしで 100 メートル程度と言われている。親機と子機の間に障害物があると、その分だけ通信距離が狭まってしまうが、幸いなことに渡辺氏の倉庫に設置したアクセスポイントと圃場の間には遮るものは何もない。「決して近い距離ではありませんが、倉庫側でのアンテナの位置についても、いろいろと調べてよい場所を探してもらったおかげで、圃場のかなりの奥の方まで、Wi-Fi が通じている状況です」と渡辺氏はにこやかに話す。今、IoT センサーは圃場の手前側に設置されているため、電波が届かないという不安はないが、今後、万一、奥の場所で IoT センサーの設置を行ったとしても、対応できるようになっている。

● 有機栽培には水位、水温、気温の管理が重要

育苗期間は苗床を監視するために設置されていた IoT センサーだが、田植えを終えた後は、水田に移設され、環境データの取得を行っている。農業 IoT について大川教授は「水位や水温、気温など環境のリアルタイムな情報が、どこにいてもスマートフォン一つあれば見られるので、非常に便利ですね」とその機能を評価する。大川教授の研究室がある東京

● 育苗ハウス内部と苗（左側）の様子

　農工大学農学研究院生物生産科学部門は東京都府中市にある。そこから渡辺氏の圃場までは車で4時間弱ぐらいかかるため、2週間に1度ぐらいしか現場を訪れることができない。だからこそ研究のためには「遠隔でいつでも現場の様子を確認できること」が必要になるというわけだ。環境情報の中でも、「特に重要なのが、水位と水温、気温の情報です」と大川教授は言う。

　先述したように有機農業の場合、農薬などの化学物質を使うことはできない。だが農薬を使わないと、雑草も生えてしまう。そこで「雑草が生えるのを抑えるためによく使われるのが、深水にするという方法です」と大川教授。大川教授は水位管理を行う一方で、雑草競合性、深水抵抗性についての品種特性を分析・検討し、選抜された苗を育種することに取り組んだり、雑草競合性の高い品種と低い品種の間にタイヌビエという植物を混植することによる抑制効果の評価を行ったりしている。一方の水温の管理は冷害対策として有効に使えるという。「穂のできる時期に17度以下の気温が3週間続いたり、水温が気温より高くなったりすると、不稔 *2 が発生するなど冷害が起こりやすくなるからです」（大川教授）

---

*2　種子がない状態。籾殻（もみがら）の中に実がない現象がおきる。

● 手製の水位計（中央）を設定し、ネットワークカメラ（左側）で監視

そこで水位の管理については、数字で把握することに加え、見た目で
すぐ判断できるようにNTT東日本の担当者が手作りした浮きを使った
水位計測ポールを設置。その状況をボックスに搭載されたカメラで撮影
することで、いつでも水位を確認できるようにした。「（NTT東日本の）
担当者が、自ら田んぼの中に入って考え、このようなアイデアを出して
くれました。アナログを組み合わせた簡単な仕組みですが、いろいろな
地点の水位を測ることは有効だと思います。別途専用の水位センサーも
使っていますが、こちらの方は、水の状態も含めて水位をカメラで確認
できるのでとても安心感がありま
す」と渡辺氏は満足そうに語る。

一方、IoTカメラは、「育苗期
間は生育状況の確認だけではな
く、アライグマやイノシシなど
の獣害の確認にも活用しました」
と語る。育苗が終了した今は「圃
場の防犯用として活用していま
す」という。農業倉庫にはさまざ
まな器具や機械が置かれており、

● ハウス内のカメラを納屋の軒下に移動し、
圃場全体を監視

● 手製の水位計

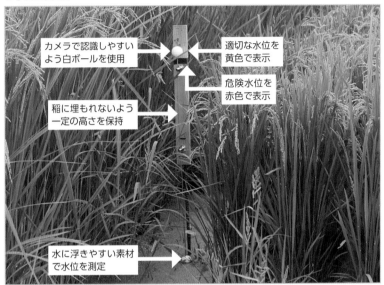

カメラで認識しやすい
よう白ボールを使用

適切な水位を
黄色で表示

危険水位を
赤色で表示

稲に埋もれないよう
一定の高さを保持

水に浮きやすい素材
で水位を測定

　自宅は再建中。渡辺氏は毎日「通い農業」を行っているため、夜は無人
となる。IoTカメラには赤外線機能が搭載されているため、夜間遠隔に
いても映像でリアルタイムに圃場や自宅、倉庫の様子などが確認できる
というわけだ。
　現在、大川教授たち東京農工大学が「営農再開地域における先進的な
オーガニック作物生産技術の開発」で実践しているスマート技術はまだ
ほんの一部でしかない。スマート水稲有機栽培技術ではIoT水稲育苗
潅水システムやIoTトラクター、IoTコンバイン、土壌肥沃度管理では
メタゲノム解析、雑草、病害虫防除ではアイガモロボット、そして有機
栽培向き水稲品種開発などを含め、有機栽培総合管理システムの実現を
めざしている。

売れる農産物づくりとスマート農業で 次世代につなぐ

　さて、第三のテーマは富岡町の有機栽培酒米を活用したオーガニック
日本酒構想である。「福島の日本酒は、全国新酒評議会金賞受賞7年連

● IoTセンサー、カメラを用いた圃場管理、データ取得の仕組み

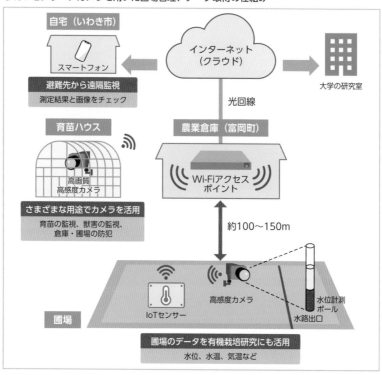

続1位となるなど、実力があり、また米国に福島県産清酒のアンテナショップがオープンされているなど、販路もあります。醸造、酒米生産の中心は会津、中通りですが、浜通りでも生産の可能性を検討するため、富岡町で収穫予定の2019年度産米（東京農工大学育成品種）の試験醸造を実施する予定です」（大川教授）

　東京農工大学で育成された新品種は、大川教授と福島大学食農学類の横山正特任教授がコシヒカリをベースに開発した新品種で、背丈が150cmにもなるが、茎が太いため台風がきても倒れにくいという特性を持つ。営農再開への一助となる。

　そのほかにも東京農工大学は先進的なオーガニック作物、生産の拠点形成、技術開発・普及のための人材育成にも積極的に取り組んでいる。

　ここまでこぎつけた渡辺氏の目標は、水田の規模を震災前同様に戻すこと。それを早期に実現することが、町に人を戻すことにつながると考

● 圃場の稲を背景に東京農工大学の学生らとスナップ撮影

えているからだ。「住民の多くは避難先の生活に慣れ、そこでの関係も
できています。もう戻りたくないという人も中にはいます。将来的にス
マート農業が進化すれば、ここを仕事する場所として通いで営農するこ
ともできるようになるでしょう。ですが、やはり私はここを仕事する場
所ではなく、生活する場所にしたい。この場所で生まれて、愛着がある
ので」（渡辺氏）

　官民学連携で売れる農産物づくりとスマート農業の実現をめざしてい
く富岡町。長年の慣習が途切れ、一から始める富岡町だからこそ、次世
代へとつながる新しい農業の姿が見られそうだ。

※　文中に記載の組織名・所属・肩書き・取材内容などは、すべて 2019 年 8 月時点
　　（インタビュー時点）のものです。

まとめ

背景と課題

　富岡町では、2017 年に避難指示が解除され、営農再開に取り組む農家が出始めている。しかし、再開農家や新規就農者が震災前の状態と同様の営農ができるまでには、まだ多くの課題が残っている。

- 避難先からの「通い農業」となり、負担増で家族就農が困難
- 除染処理後は土が痩せた状態となり、地力のない農地から営農開始
- 人手不足
- 風評被害、その他復興に伴う諸課題

取り組み内容

　東京農工大学などの協力を得て、IoT、AI を利用したオーガニック水田、省力水管理、点滴灌漑システムの開発・導入に取り組んだ。

- 避難先の自宅からでも、水位、水温、気温など圃場環境と稲の生育状況がリアルタイムで管理できるよう IoT センサー、IoT カメラを導入。IoT カメラは倉庫や圃場の防犯、獣害監視にも活用
- IoT センサー、IoT カメラから取得されたデータはクラウドに蓄積し、東京農工大学が進めている「営農再開地域における先進的なオーガニック作物生産技術の開発」に活用

今後の展望

　水田の規模を震災前同様に戻すことを目標に、オーガニック日本酒製造など産官学連携で売れる農産物づくりを進めて、次世代につながる新しい農業をめざす。

有機栽培と売れる作物づくりで
愛着ある町と農業を復興したい

渡辺 伸 (わたなべ のぼる) 氏
営農再開生産者

—— 営農を再開するにあたり、課題に感じていたことを教えてください。

　除染作業で客土に使われたのは、山の砂だったので、地力が落ちていました。そのような土地で本当に米作りができるのか不安でした。

　また、避難先からの「通い農業」しかも一人でどこまでできるかということも心配でした。これまでは10ヘクタールの水田を家族で運営していました。ですが、通い農業では家族の力は借りられません。しかもほとんどの農家が帰還していないので、人手不足です。営農再開1年目は60アールだったので、一人でもなんとかなりましたが、毎年、作付面積を増やしていかなければなりません。そのためにも効率化・省力化

する手段が必要だと思いました。

——　NTT 東日本が提供する Wi-Fi と農業 IoT のサービスを導入した理
　　由について教えてください。

　大川教授が進める「営農再開地域における先進的なオーガニック作物
生産技術の開発」は 4 テーマに分かれており、その一つにあげられてい
たのが「IoT、AI を利用したオーガニック水田、畑の省力水管理、点滴
灌漑システムの開発」でした。先ほども申し上げたように帰還率が低く
人手不足のため、育苗や水管理、栽培管理などに省力化が不可欠だから
です。

　この研究を進めるには、インターネット環境の敷設と IoT センサー
で測定したデータをクラウドに蓄積する仕組みが不可欠です。JA グルー
プが主催するアグリフェアで NTT 東日本の方と出会い、このサービス
を紹介されました。農業 IoT センサーと農業 IoT カメラを組み合わせ
たクラウドのソリューションです。大川教授の研究に必要な機能は農業
IoT センサーで提供されます。また、農業 IoT カメラは遠隔地から農地
を監視したいという私のニーズに合致しました。これらを総合して判断
し、導入することになりました。

　実際に機器を設置するまで、担当者の方には、何度も圃場まで足を運
んでもらっています。Wi-Fi の電波が一番よく届く位置を捜すため、倉
庫の敷地と圃場の間を行き来し、倉庫側で一番良い場所にアンテナの位
置を決めてもらったりもしました。おかげで、圃場で必要になるほとん
どの場所には電波が届く状況になっています。

　また、高性能のカメラを設置してくれたので、育苗の監視以外にも、
夜間に出る動物や倉庫の監視などにも十分使えます。自宅からスマホ
で、映像が見えるというのは非常に安心感があります。

——　クラウドや農業 IoT カメラを導入した効果はいかがでしょう。

　クラウドでは正確な気象データなども提供されるので、稲の栽培に役
立っています。また有機農業で非常に重要なカギを握っているのが水位
管理ですが、NTT 東日本の担当者が DIY で水位計測ポールを作成し、
設置してくれました。

　稲の丈がまだ短いうちは、カメラから直接水位を見ることもできますが、出穂・開花の時期になり背が高くなってくると、稲の陰になってほとんど水位は見えなくなります。この時期こそ水の管理に気を使うのですが、普通のカメラでは圃場の真ん中に水があるかないかは捉えられない。そこで、圃場の中に入って高さを計り、稲の陰にならない高さまで目印を持ち上げて、背の高い水位計測ポールを手製で作ってくれました。その状況をクラウドに接続されたカメラで撮影し、クラウドに蓄積しています。離れた場所にいても水位を画像で確認できるのも便利ですね。

　農業 IoT カメラは、育苗の状況を映像で監視するために活用していましたが、育苗が終わった今は圃場と自宅周辺の防犯カメラとして活用しています。通信手段として Wi-Fi を選択しているので、設置個所を固定されず、場所と用途で融通を利かせられるので助かります。獣害があった場合も、後から確認できるのと、対策に活かせるのがいいですね。

—— 今後の展望について教えてください。

　なるべく近い将来に水田の規模を震災前の状態に戻すことです。それが町に人を戻すことにつながると思うからです。そのためにも積極的に IoT など新しい技術を活用し、より効率的な農作業や栽培に取り組み、売れる米作りを実現したいと思います。

インタビュー

IoT等を活用した有機農業を推進し 福島の農業復興を支援

大川 泰一郎 (おおかわ たいいちろう) 氏
東京農工大学大学院 農学研究院生物生産科学部門 教授

—— 富岡町の営農再開農家を支援するきっかけを教えてください。

　東京農工大学では東日本大震災の翌年から福島県二本松市を中心に、営農を再開するための研究活動に従事し、復興知を蓄積してきました。これがきっかけとなり、2018年に、私たちの研究開発プロジェクト「営農再開地域における先進的なオーガニック作物生産技術の開発」が大学などの復興知を活用した福島イノベーション・コースト構想促進事業の採択を受けました。

　このプロジェクトは福島県浜通りの営農再開地域である富岡町における農業復興の課題を解決するためのものです。当大学が有する復興知を活用して先進的なスマート有機農業を推進することで、売れる作物づく

りによる収入の安定化と所得の拡大、農業振興につなげることをめざしています。現在推進しているスマート有機農業の対象としては、当大学および福島県で育成された水稲食用品種、酒米品種、飼料イネ品種を化学肥料に頼らずに生産する方法、農薬によらない除草・病害虫防除法、IoT、AI を活用した遠隔水田管理システム、点滴灌漑システムなどがあります。

このプロジェクトを推進するためには、富岡町の圃場を借りなければなりません。そこで富岡町の営農再開の第一人者とも言える渡辺伸氏の圃場をお借りするとともに、共同推進者として同プロジェクトに参画していただき、研究を進めています。

—— スマート有機農業を実現するため、同プロジェクトで導入した AI や IoT を活用した仕組みについて教えてください。

IoT センサーを活用し、遠隔地から育苗管理、水田の水管理、灌漑制御ができるような仕組みの構築を決めました。この実現には、インターネットが不可欠です。そこで渡辺さんに Wi-Fi の敷設をお願いしました。

そのときに NTT 東日本の担当者から Wi-Fi を取り入れた農業 IoT サービスの提案がありました。育苗ハウス内にセンサーボックスを設置すれば適切な圃場の管理はもちろん、ボックスに搭載されているカメラを使って、生育状況も遠隔地からモニタリングすることができます。

一方の農業 IoT カメラは 360 度回転や首振りとズーム、動体検知機能、夜間でも好感度の映像が確認できる赤外線機能などを搭載しています。稲の生育状況を遠隔地からカメラでモニタリングしたい、渡辺さんの圃場を視覚的に確認したいというニーズにもマッチしていたことなどから、同社サービスの採用を決めました。NTT 東日本の担当者には、サービス導入後も頻繁に現場に来てもらい、あれこれと課題解決に向けて取り組んでもらっていますので、非常に有り難いですね。

圃場の環境情報の取得・蓄積・分析ができるこのサービスは、スマート有機農業実現には欠かせないツールだと思います。

これらのツールを使って得られた環境情報のデータと稲の生育データを、実地に出向いて得たトライアルや調査結果と合わせて分析し、研究に活かしたいと考えています。

—— 今後の展望について教えてください。

　私たちがめざしているのは、「スマート有機農業で"稲ベーション"」による浜通り地区の農業の復興です。そのためにも省力作物生産技術の開発、世界的に需要の高まる有機農産物生産の産地形成の推進、さらなる農業の振興と収入の安定化と所得の拡大、スマート有機農業技術の開発、普及に従事する人材の育成にも積極的に取り組んでいきたいと思います。

第 **5** 章

スイカの収穫タイミングを予測 IoT で積算気温を管理

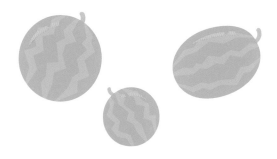

- 秋田県横手市
- 秋田県平鹿地域振興局
- 秋田ふるさと農業協同組合

秋田県横手市

　おいしい野菜や果物を出荷するには、タイミングの良い収穫が不可欠だ。スイカも、タイミングよく収穫しなければ品質が落ち、市場価値が下がってしまう。しかし、果実の中が見えず味見をしにくいスイカは、時期を見計らって収穫するほかないのが実状だ。そこで、スイカの産地である秋田県横手市では、温度センサーを用いてデータを蓄積し、それを分析することで最適な収穫期を正確に予測する取り組みを行った。横手市と県の地域振興局、JA秋田ふるさと、そしてNTT東日本と多様な関係者が連携したプロジェクトになる。

ブランドスイカの適期での収穫に不可欠な積算気温管理

　「あきた夏丸」と「あきた夏丸チッチェ」は、秋田県横手市が誇るブランドスイカだ。いずれも秋田県農業試験場で育成された品種で「あきた夏丸」は大玉で果肉がしっかりしておりみずみずしく、糖度が高くさわやかな甘さが特徴だ。一方、「あきた夏丸チッチェ」の"チッチェ"は秋田の方言で"小さい"という意味。とはいえ、重さ3キロ前後と他の小玉スイカよりちょっと大きめで、大玉スイカのようなシャリ感が味わえ、皮が薄く甘くてジューシーなのが特徴だ。近年の核家族化もあって、急速に人気が高まっているという。

　いずれも「あきた夏丸」シリーズという、秋田県農業試験場が秋田の気候や土壌条件に適するように改良した秋田県のオリジナル品種だ。品質の高さはもちろん、秋田だけという地域限定の希少性も相まって、市場で高く評価され、取引価格も他の品種より高めだという。特に横手市では作付面積が拡大しており、さらなる品質向上・生産拡大が期待されている。手が掛かり、高品質で高価格なだけに、大切に育てたスイカを高く販売できるよう、収穫には細心の注意が払われている。しかし、ス

● 畑で生育するスイカ

95

イカは割って食べてみるわけにもいかず、どうしても収穫期にブレが出てきてしまう。

「未熟でも熟れすぎても品質は低下しますから、どんなにしっかり育てても収穫期を見誤るとそれまでの努力が水の泡になってしまいます。それだけになんとかいいタイミングで収穫・出荷ができないか、さまざまな取り組みが進められてきました」

　そう語るのは、秋田ふるさと農業協同組合（JA秋田ふるさと）の営農経済部で園芸課補佐として営農指導にあたっている傅野俊幸氏。

「スイカはどうやって収穫時期を決めていると思いますか。もちろん、食べてみるわけにはいきません。果実の光沢が鈍くなって縞模様が濃くなったらとか、つると反対側の芯落ち部が凹んだらとか、いろいろ言われていますね。ポンポンとスイカを叩いて高い音がするのは瑞々しく身が締まっている証拠で、低い音は熟しすぎている可能性があります。最終的にはそうして判断することも多いのですが、大切なのは『いつくらいに収穫できそうか』という数値上の目安なんです」

　重いスイカを大量に収穫するためには人手の確保が必要であり、JAに運搬用のトラックや集荷場への申込みなど、前もって依頼することも少なくない。収穫当日近くになって分かるより、「そろそろ収穫」という予測を行い、それに従って計画を立てるほうが効率がよく、コストも抑えられる。

● 温室で育つスイカ

その収穫予測を行うための重要な手がかりが「積算気温」だ。積算気温はスイカの交配が終わり、受粉した「交配日」（着果日）からの毎日の平均気温を足したもので、例えば1日の平均気温が25度とすれば、40日続けば積算気温が1000度となる。つまり、平均気温が高ければ高いほど、暑ければ暑いほど短期間で成熟することになる。

ちなみにJA秋田ふるさとでこれまで目安にしてきた基準の温度は、横手市に1カ所だけあるアメダスの観測地点での平均気温であり、これを積算して「あきた夏丸」で920度、「あきた夏丸チッチェ」で760度となる頃に収穫予測を出していた。交配日ごとの予測になっており、講習会などで集まったときに紙で配られる。生産者はその表を見ながら、自分の畑のスイカの交配日と照らし合わせ、収穫日時を予想するという流れだ。毎日平均気温は変わるため、収穫日と予想される前日に1個をサンプルとしてJAに持っていき、糖度などを測定して熟度が基準を満たしていたら翌日に収穫となる。

「かなり厳密に実施していましたが、それでも若干品質にブレが生じることがありました。原因としては、横手市の1カ所で測っていたため地域差が生じてしまっていたこと、もしかすると目標積算気温そのものにブレがある可能性があることなどが考えられました」

熟しすぎてしまうと、同じように育てられたスイカでもA品と認められず、B品などに格下げされて価格が下がってしまう。食味が悪くなるだけでなく、赤い実に隙間が生じてカットしたときに見た目が悪くなることもある。

「せっかく育てたスイカですから、できるかぎり収穫予測の精度を上げておいしい時期に皆さんに食べていただきたいし、生産者の収入を上げたい。それはJAにとって大きな課題でした」（傅野氏）

温度センサーとクラウドで積算気温管理を実施

スイカの適期収穫に必要な積算気温管理の取り組みは、2019年5月から、横手市内3カ所で行われた。大玉品種である「あきた夏丸」については雄物川地域のトンネル[*1]、小玉スイカの「あきた夏丸チッチェ」に

*1 竹やプラスチック棒を地中に挿してかまぼこ状の骨子を作り、ビニールをかぶせたトンネル

97

● ちょうどいいタイミングで収穫・出荷するためにIoTを活用

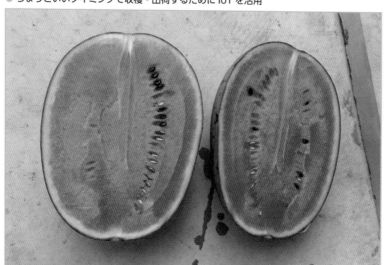

ついては十文字町の温室で、それぞれICTを理解した生産者の圃場が提供され、「あきた夏丸チッチェ」のもう1カ所は市の施設である横手市実験農場となった。

　なお横手市実験農場は園芸品目栽培実証事業として地域の栽培環境に適した品目・品種の選定や農家への技術支援、県や大学、農業団体と連携した共同開発を実施しており、難易度の高い種苗の安定供給や、横手市で園芸栽培農家として自立しようとする新規就農者の育成・支援などを行っている。

「実証事業の場としてここを選んだのは、研修などで来場している新規就農者・既存農家への啓発を意識したからです。車で5分くらいのところに横手市園芸振興拠点センターもできて、園芸品目の栽培実証や新規就農者向け農業研修、農業経営者向けの栽培技術レベルアップ講習などを行っているんです。そうした方々にも取り組みについて知っていただくことで、ICTの農業への活用にも関心をもっていただければと思いました」と横手市 農林部 農業振興課の鈴木 洋氏。

　それぞれ温室の内側に温度・湿度センサーと照度センサー、外側にも同様に外気温・湿度用のセンサーをスイカとほぼ同じ高さに設置した。いずれも積算気温を正確に計測するためにあえて低めに設置したとい

● 横手市実験農場の管理研修棟

　う。そこで取得したデータはインターネット経由でクラウドに蓄積される。それを秋田県平鹿地域振興局 農林部農業振興普及課で積算・分析して収穫適期予測を行うという流れになっている。

　温室内では花が咲くたびに3〜4回にわけて受粉を行い、交配させる。1株につき大玉スイカで3個、小玉スイカで5〜6個、1つの温室内の合計で数百のスイカがなるとして、それぞれ交配日の日時が一目で分かるように棒を立てたり、ツルに色をつけてマーキングし、そのグループごとに3〜4回にわけて収穫するという流れだ。

　横手スイカの収穫は、7月上旬の温室ものの小玉スイカから始まり、露地ものは9月上旬まで約2ヶ月間にわたって続く。一品目あたりのトータルの収穫期は2週間ほどで、品目ごとの収穫が重なると目の回るような忙しさだという。その中で収穫管理を適切に行っていくのは根気のいる作業だ。

　今回は、目標積算気温である「あきた夏丸」で920度、「あきた夏丸チッチェ」で760度を基準として、同じタイミングで交配したスイカについて、積算気温予測から前後合わせて10日間、2日ごとに収穫し、重量・糖度・色・シャリ感・食味・空洞の有無を記録していった。
「全部で5回収穫し、6つの項目をチェックしていきました。まずは適

● 温室の内側に温度・湿度センサーと照度センサーを設置

期から5日ほど早いものに始まり、だんだんと熟れていくのを確認します。収穫期を過ぎて熟れすぎたスイカを食べるのは、さすがに辛かったですね（笑）。でも、実際に食味を実感することで、収穫適期の精度の大切さも分かりましたし、収穫遅れによってA品がB品、C品になっていき、最後は無になってしまいますが、それが実感で分かりました。そうした人間の食味の実感が積算気温という数値と紐付けられたことで、より汎用性の高い尺度になると思います」（傳野氏）

　なお、比較データとして、これまで予測に使っていた横手市のアメダスデータに加え、今回は農研機構が出しているより細かいメッシュデータを用い、それぞれの差を比較した。いずれの検証においても概ねもともとの適期予測の正確性は担保されていることも分かった。ただアメダス予測とのブレが1〜2日ほどあり、適期を3日間としているため許容範囲ではあるものの、現地での温度測定のほうがより正確であることが分かった。

　現在は収穫適期を3日間としているが、実はそれもあくまで仮定。いつまでなら収穫できるのか、3日より短いのか長いのか、そしてどのような条件で短くなったり長くなったりするのかなどを調べる必要があるという。

「適期に収穫するのがベストだとしても、天候の状態や個別の事情から
ずらさざるを得ないこともあります。例えば収穫適期から3日ずらした
とき、アメダスでの予測と現地が1〜2日ずれていれば最大5日ずれる
可能性もあるわけです。そうした小さなブレやずれが重なることで、こ
れまでは品質低下やバラツキの原因になっていたのかもしれません。そ
して、なんといっても収穫前検査で収穫に適した時期を過ぎていたこと
が分かったときの落胆は辛いものがありますから、なんとか収穫適期予
想の精度を上げ、収穫できる期間も的確につかめるようになればと思っ
ています」（鈴木氏）

　なお、特に「あきた夏丸チッチェ」については720度（外気温積算）で
も十分に甘みが出ていることが分かり、今後の検証が必要ながら、収穫
期を早められる可能性があるという。
「世界的な異常気象ということもあり、予測が難しくなっている中で、
より正確に収穫時期を読む必要があると改めて実感しています。その意
味で、個別に収穫期が分かるセンサーの活用は大いにメリットがあると
感じています」（傳野氏）

● 温室の外側にもセンサーを設置して内外の温度差を測る

● 温室内のセンサーからのデータをLPWA経由で事務所で受け取る

市のプロジェクトに県も技術や分析で協力

　こうした横手市の取り組みは、スイカに限ったものではない。横手市は稲作のほか、果樹・畜産・野菜・きのこ・花など、特色ある生産品を産出しており、秋田県でも生産品目数の豊かさにおいてはトップレベルを誇る。

「もともと合併前から8市町村が特色ある生産品をそれぞれ独自に頑張って作っていたんです。畜産や果樹もありますから、本当に農産品については豊かな地域なんですよ。それが一緒になったので、おそらく都市近郊の園芸農業エリアと同じくらいか、それ以上の種類が栽培されていると思います」(鈴木氏)

　そうした多様な園芸作物農業は市の大きな基幹産業であり、市はその支援を目的として、「横手市農業再生協議会」を2007年4月に発足させた。そして、重点振興作物として8品目、振興作物として12品目を選定し、うち横手市戦略4品目としてアスパラガス、キュウリ、スイカ、トマトを選定。それぞれの作物の品質向上および農家所得の確保を目的とし、技術マニュアルの作成や効果的かつ容易な技術習得体系の構築をめざしている。

　また、2019年3月に横手市園芸振興拠点センターが設立されたため、その取り組みの1つとして「横手市ICT農業実証プロジェクト」を企画した。そして、まずは生産高が最も高いスイカが対象として選ばれたというわけだ。

「スイカは約300人の生産者が170ヘクタールの作付面積を管理し約12億円を生産しており、市としても大切な産業の1つであることは間違いありません。単純に売上を一人あたりで割れば、ひと夏あたり約400万円の売上です。JA秋田ふるさとを通じて、スイカの品質向上の課題を農家に伺ったところ、収穫時期のブレという課題を知りました。それを解決し、スイカの品質ができるだけ良い状態で収穫できることがダイレクトに売上アップにつながり、生産者の収入アップや地域の活性化につながると考えたわけです」（鈴木氏）

　そして、県にとっても農業支援は大きな課題の1つ。秋田県平鹿地域振興局 農林部農業振興普及課 主査の三澤土志郎氏は、市の実証実験に県として協力したことについて、「横手市がJA秋田ふるさとと協力して、スイカに関するプロジェクトを行いたいという話があり、県としても協力したいと考えました。実は県の平鹿地域振興局内に横手市農林部が同居しており、さまざまな課題や施策について共有することが比較的

● 横手市役所

● 「収穫適期予測」取り組みのイメージ

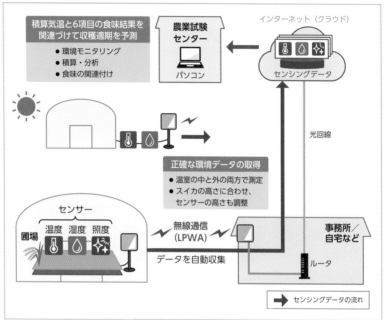

　容易にできる環境にあるのです。相談を受けてからいろいろと話をする
うちに、県の施設である当課でデータの分析を担当させてもらおうとい
うことになったのです」と経緯を振り返る。

　特に横手は秋田県の農業試験場で誕生した「あきた夏丸」「あきた夏
丸チッチェ」というブランドスイカの秋田県内随一の産地だ。徐々に認
知度が上がっている期待の作物ということから、県としても応援すべき
という気運が高まったのも自然なことといえるだろう。
「他の県では選果場を使って光センサーなどで糖度などを測り、ブラン
ド力を高めているというところが多いのですが、横手市のスイカの場
合、個人の農家が出荷したものをJA部会の検査員が確認しているとい
う状況です。これからは収穫期を正確にして一人ひとりの生産者が品質
を高めることで、秋田県のスイカ全体のブランド力を高めることができ
ると考えました。また、当然ながらデータや取り組みのノウハウを、県
内の他の地域や生産品へと展開していくことも意識しています」（三澤
氏）

　今回の取り組みでは、横手市が企画及び予算確保を行い、県が技術や調査ノウハウを提供し、個々の生産者を JA 秋田ふるさとがとりまとめてかなった。関係者が協力し、それぞれの強みや持つものを提供し合った形での取り組みと言える。そして全体の進行と IoT やネットワークなどの技術や機器については NTT 東日本が担当し、秋田支店のスタッフが推進役として活動した。

「NTT 東日本の助言や事例などの情報提供は大変役に立ちました。また、実際に足を使って、私たちの間を取り持ってくれたことにも感謝しています。10 月に関係団体が会し、合同打ち合わせを行ったのですが、そのときはもうめざすべき方向性も具体的になっていました。そこですんなりと本格的に次年度以降の事業として検討が開始され、予算化に至ったわけです。関係団体の中で、何をどうすればいいのか、役割分担も含めて明らかになっていたので、大変スムーズに実証を進めることができました」(鈴木氏)

● ICT 活用の新たな農業で 前向きに豊かな地域づくりを

　今回の取り組みの結果を受け、市としては、県の担当者や実験農場で実際にスイカの栽培にあたった職員や研修生など、さまざまな関係者にヒアリングを行うという。その上で今後は、スイカに加えて市戦略 4 品目である「アスパラガス」「キュウリ」「トマト」にも順次展開し、拠点を増やすことを検討している。

「今回の実証で成果は出たのかと聞かれることがありますが、市としては市民の皆さんに『役に立った』と感じていただけた時点でようやく成果が出たと言えるわけで、その意味で今はまだその途上と考えています。ただ、新しいことは何でもそうですが、すぐに成果が出るものではないからといって何もやらなければ何も解決できません。数年かかると思いますが、私たちの取り組みが横手の農業を活性化し、横手全体を元気にすることを信じて、確実に取り組みを進めていきたいと考えています」(鈴木氏)

　この地区は、稲作を中心にさまざまな作物の生産に広く取り組み、豊かになってきたという歴史がある。ICT を活用した農業についても、こ

● 前列左より、傅野俊幸氏（秋田ふるさと農業協同組合）、三澤土志郎氏（秋田県平鹿地域振興局）、宮川典子氏、鈴木洋氏（以上、横手市農林部）。後列左より、柿崎慎悦氏、佐藤博之氏、吉川将氏（以上、横手市実験農場）、西田政也氏（NTT 東日本）

うした取り組みによって前例を作ることで、気運を高めることが重要といえるだろう。実際、農業についての興味・関心は高まっており、意欲的な就農者も出てきているという。

「生産者側の理想を言えば、ハウスごと、生産者ごとにセンサーを導入できるようになるとうれしいですね。さらにクラウド側で積算気温予測を行い、スマートフォンで状況を管理したり、収穫適期について通知を受け取ったりすることができるアプリがあると便利でしょう。センサーやシステムなどについては、一般化すればコストも下がってくるので、それを期待したいと思います。また、収穫適期予測の精度を高めるには、栽培データのブラッシュアップも必要です」（傅野氏）

　なお、こうした農業への ICT 導入に向けた推進の背景として、忘れてはならない問題がある。どの地域にも共通する、少子高齢化にともなう就農人口の減少と生産量の低下という課題だ。特に秋田県の高齢化は進んでおり、2019 年 7 月の高齢化率（総人口に占める満 65 歳以上の方の割合）は 37.1％と、前年と比べても 0.8 ポイントも上昇している。横手市はさらに秋田県の平均よりも高く、農業従事者はさらに高齢化が進んでいるのは明らかだ。

「どの作物もそれぞれに身体的な負担が大きい作業があり、高齢者にとって農業はきつい仕事です。特にスイカは大きくて重いので、収穫時は大変なんですね。『もうやめる』という高齢の生産者さんがいたので、小玉スイカの『あきた夏丸チッチェ』を勧めたところ『まだまだやれる』と今も現役を続けていらっしゃる。実際、『あきた夏丸チッチェ』の作付面積は増えたんです。そんなふうにまだまだ工夫の余地はある。ロボットもドローンも、何でも使えるものは使っていけばいいと思うんです。IoT などの ICT も農業を元気にする方法の1つとして期待しています」（傅野氏）

　ICT などテクノロジーの恩恵を受けるのは高齢者だけではない。その活用で成果が実現できれば、若い世代を引きつける魅力的な仕事として評価され、知識や技術を伝承しながら新規就農者を増やしていくこともできる。1人あたりの生産性を高められれば、それがひいては横手の、そして秋田の豊かさを存続させることにつながるというわけだ。
「少子高齢化による農業の担い手の減少、それにともなう遊休農地の増加や農業産出額低下と問題は山積みです。でも、だからこそ、深刻な顔をして難しく考えるより、IoT や AI、ロボットなど、最新の技術を使って工夫をすることで、もっと豊かな地域になるという前向きな姿勢こそが重要と思っています。代々の先祖が苦労しながら積み上げてきた農地や水路、農村機能を含めたインフラを、次の世代にも引き継いでいく。そのために市と県、JA、そして生産者の皆さんと地域の企業が連携し、協力し合っていければと思っています」（鈴木氏）

※　文中に記載の組織名・所属・肩書き・取材内容などは、すべて 2019 年 9 月時点（インタビュー時点）のものです。

◉ まとめ

背景と課題

　最適なタイミングで収穫しなければ品質が落ち、市場価値が下がってしまうスイカ。収穫には人手の確保、運搬用トラックの手配、集荷場への申し込みを事前に行わなければならない。このため、スイカ生産農家を多く抱える横手市では収穫適期の精度の向上を実現することが大きな課題となっていた。

取り組み内容

　これまでの収穫基準は"市内平均温度"から算出した交配日からの積算気温だったが、今回、IoT によって温室単位でより正確なデータを把握できた。そのデータ分析で、収穫時期の正確な予測ができるようになった。具体的な施策は次の点。

- 温度、湿度、照度、外気温を把握するため温室にセンサーを設置
- クラウド経由で各担当にデータを送り、積算
- 重量、糖度、色、シャリ感、食味、空洞とデータを紐づけ、分析することで収穫タイミング予測を実施することができた

今後の展望

　スイカに加えてアスパラガス、キュウリ、トマトへと対象を広げ、拠点を増やして実証する予定。蓄積された数値データや検証結果は、マニュアルや営農指導などを通して生産者と共有し、高齢者の負荷を減らすとともに若年層の就農者を増やし、地域全体の暮らしやすさ、豊かさにつなげる。

インタビュー

横手の新たな農業を推進し
豊かで暮らしやすい郷土を

髙橋 大（たかはし だい）**氏**
秋田県横手市 市長

——— 横手市の農業が、現在抱える課題についてお聞かせください。

　横手市は古くからの農業地帯で、横手盆地の恵みを受け、先祖代々の耕土を守ってきました。現在、稲作を主体としながら複合農業産地化を進めており、野菜や果樹の栽培面積や産出額において県内トップを誇ります。横手にとって農業は、食糧供給という人が生きる上で重要な役割を持つ、産業の根幹というべき存在です。稲作をはじめ五穀豊穣を願う祭や文化、コミュニティの基盤であり、治水などインフラ面での安心・安全の要でもあります。都市部に住まう人であっても何らかの恩恵や影響を農業から得ているといっても間違いありません。

　しかしながら、農業生産者の高齢化や人手不足などが深刻な課題と

なっており、少ない人数でも地域や産業を支えていけるよう、生産の効率化や品質・収量の向上などを含めた改革が求められています。幸い、就農者が減る中で生産額は少しずつですが増加しており、一人あたりの生産性および売上は上昇傾向にあります。こうした個々の農家の努力を市としても支援する必要性を強く感じています。

―― 今回のスイカを対象にした「戦略作物品質向上プログラム確立事業」でNTT東日本とのプロジェクトに至った経緯についてお聞かせください。

　農業支援策のひとつとして、横手市農業再生協議会を設立し、重点振興作物8品目、振興作物12品目を選定し、さらにその中から優先順位の高い戦略4品目について重点的な支援を行うことを決めています。スイカはこの4品目の1つに該当しますが、それぞれ生産量や品質についての課題をもっており、さまざまな角度から支援を検討・実施しています。特にIoTなどテクノロジーを活用した取り組みには大いに期待しているところです。

　次世代型農業を推進するにあたり、かねてよりさまざまな方面から情報収集を行っていましたが、秋田県平鹿地域振興局　農林部の森づくり推進課のお声がけで、果樹分野でIoTの先進的な取り組みを行っている山梨市、JAフルーツ山梨様への視察に参加する機会をいただいたことが直接のきっかけです。その取り組みを実装・運営されているのがNTT東日本と伺い、声をかけました。

―― 取り組みにあたって、市として調整された点、苦心された点などがありましたらお聞かせください。

　初めてのことであり、さまざまな組織や個人が関わった事業だったため、事業の進め方や、組織ごとの分担から評価の手法など、ルールづくりを一から始める必要があったことでしょうか。そうした意味で、各地でさまざまな取り組みを推進されているNTT東日本による助言や事例紹介は大変心強く感じました。

—— 今回の取り組みを経て、今後どういう展望を期待されているので
しょうか。

　本実証で得られた結果をもとに、生産者が使い勝手の良い「横手版技
術生産マニュアル」を作成したり、JAによる営農指導の強化を行った
りすることで、品質・収量面での産地競争力の強化につながることを期
待しています。特に今年度の実証品目であるスイカは適正な収穫時期を
厳守することで品質向上および平準化が図られ、消費者や市場からの評
価向上が期待されます。さらに配送トラックが事前に配車できるなど流
通コストの抑制、遅送リスクの低減にもつながります。こうしたこと
は、農業所得および生産者の生産意欲にも直結するでしょう。

　そして、新規の就農者・栽培者に対して、これまでの勘や経験に裏打
ちされた栽培技術を文章や口頭でだけではなく、数値やデータで説明で
きるようになれば理解しやすくなり、ベテランの指導者側もより具体的
な事例にもとづいて効果的な指導ができるようになります。そうしたこ
とが実質的な効率化や生産性向上につながるまでには、工業製品などと
比べて少し時間がかかるかもしれません。新しい時代に向け、豊かな郷
土を実現させていくためには、まずは横手で農業をやれば、「豊かな生
活ができる」「やりがいがある」という実感とイメージを持っていただ
くことが重要だと思っています。横手のスマート農業の実現は、決して
農業だけ、若い人だけが恩恵にあずかるというものではありません。高
齢者も若年層も、工場地帯や都市部も含め、地域全体としての暮らしや
すさ、豊かさにつながることであることを確信しています。

第 **6** 章

野生鳥獣捕獲に IoT フル活用
地元連携でジビエ産業へ

- 千葉県木更津市
- 地元篤農家
- 地元猟師

千葉県木更津市

　イノシシやシカなど野生鳥獣が都市部に現れて人を驚かすことが頻繁に起きているが、千葉県木更津市でも生活地域への出没ばかりか米、果樹、野菜などへの被害が深刻となるなかで、効果的な鳥獣害対策が課題となっていた。そこで木更津市では2019年4月から地元の農家、猟師、獣肉業者、NTT東日本などが連携してICTを活用したプロジェクトを立ち上げた。単に捕獲するのみならずジビエ産業を地元に確立する全国でも珍しい試みだ。

生活と自然が融合する「住みよい街」が抱える悩み

　千葉県南房総の東京湾側に位置する木更津市。小櫃川の河口付近、東京湾に面する盤洲干潟は 1500 ヘクタールにもわたり、東京湾でも最大級の干潟として昔から好漁場として賑わってきた。内陸部には緑豊かな上総丘陵があり、稲作をはじめ、野菜や花の栽培、酪農や養鶏なども盛んに行われている。

　そうした自然の恵み豊かな環境を残しつつも、1986 年に首都圏基本計画により業務核都市の指定を受けて、東京湾アクアラインを中心とした都市開発が進められてきた。都心や羽田空港へのアクセス性が良くなったことで、いまや「東京に一番近い田舎」として、新たな発展を遂げつつある。官民が一体となって大型商業施設や学校施設の誘致、ニュータウンの整備などを行い、まれに見る人口増加地域として、地価も上昇している。利便性を求めつつ、自然豊かな中で生活をしたいというシニア世代もさることながら、商業施設などの増加にともなう雇用もあり、子どもをのびのびと育てたいと希望して移り住むファミリー層も多く、2014 年には 33 年ぶりに新しい小学校が開校したという。

● 森と田んぼがつらなる風景が広がる

　そうした若年層に向けて、さらに就農を促すことで農業と商業を地域経済の柱に育てようという動きも産官学共同で行われており、「オーガニックシティきさらづ」として地域ブランドの育成・発信も行ってきた。生産した地元産野菜などの地産地消にも取り組んでおり、市内で生産した有機米や有機野菜を使った「オーガニック給食」を小中学校で試験的に実施しており、段階的に全市に広げることを目標にしているという。

　このように東京都心にもほど近く、横浜や千葉などの大都市にも容易にアクセスできるという地域でありながら、豊かな自然が残る恵まれた環境にある木更津は、「便利な街ぐらしのすぐそこに自然が迫る街」と言い換えることもできる。ところが、近年野生鳥獣による生活被害が大きくなり、特にイノシシによる米や果樹、野菜への被害が看過できないまでになっているという悩みを抱えている。森に近いところだけでなく、人の生活圏にも頻繁に出没し、被害は増加傾向にあるという。

　通常、イノシシからの防御策としては、まずは侵入防止柵などを設置して立ち入れないようにすること、嫌がる匂いや音、視覚効果などにより近づきにくくすること、さらにイノシシの好む藪などを刈り払うなどがある。

　木更津市としても、こうした基本的な防御策に加え、生息環境管理として放任果樹を除去したり、地元や関係機関と連携して緩衝帯を整備する体制づくりに取り組んだり、さまざまな施策を行ってきた。それなりに効果は上がってはいるものの、イノシシの絶対数が増えていることもあり、地元猟友会などと協力し、適正数の捕獲・駆除についても実施している。しかし、さらに新しい対策が求められていた。

◉ 農家のイノシシ被害に地域の連携による対策を模索

「うちの2階から見えるところには、ほぼ毎週、数日おきにイノシシが出没していますね。子どもも毎週のように見ていますし、小学校のグラウンドにも出るくらいです。月明かりの中、目の前の田んぼの畦道を、巨大な1頭が凄まじい勢いで駆け抜けるのを見たときには恐れすら感じましたね」

　そう語るのは、東京の世田谷から木更津市に越してきて、10年目を迎えるという山野晃弘氏。東京都心でテレビ局のディレクター職をしながら、水田を耕さないまま米をつくる「不耕起栽培」に取り組み、農業体験の受け入れも行っている。4年前に家の前の田んぼを借りて稲作を開始し、その直後くらいからイノシシが出没するようになったという。
「かつては森が奥にあって、家、道路、田んぼと続く中で、人が通る道路を越えてイノシシが田んぼに入ることはなかったんです。それが2018年から急に田んぼにも出るようになってきました。近所の人に聞くと、あちらこちらの田んぼに同時多発的に出ていることが分かりました」
　イノシシは成獣ともなれば80〜190kgにもなる。遭遇して襲われれば大怪我をすることもあり、近年では人馴れした個体による接触事故も起きているという。イノシシは基本的には神経質で警戒心が強く、人が暮らす地域で日中に出くわすことは少ない。しかし、住民を悩ませているのが、米や野菜、果物など農作物への被害だ。
「とくにイノシシが出て困るのは、収穫時期の8月末から9月末にかけてです。稲穂をしごくようにして食い散らかすのですが、さらに体がかゆいのか、体を擦り付けて稲を押し倒していくんですよ。なので荒らし

● 山野 晃弘 (やまの てるひろ) 氏

た後はまるでミステリーサークルのような状態です。そうやって食い散らかし、荒らした区画のお米は、イノシシの匂いがついて獣臭くなって食べられなくなります。少しでもその米を他の米と混ぜると、匂いが移って他のお米もダメになる。部分的に刈り取って自宅用にしようとしたんですが、精米してもまったく食べられたものではなかったですね。そんなふうに一部を荒らされただけでもかなりの部分の収穫を諦めることになるので、ときには数十万円の大損害になることもあるんです」

　悩ましく思っていたところ、地域の商工会議所での ICT 活用講演会に招かれて登壇した際に、同じく講演者だった NTT 東日本の担当者に出会うこととなる。

「当時、私は木更津工業高等専門学校の生徒さんと水田除草ロボットの開発に取り組んでいて、その発表で行きました。そこで NTT 東日本の方が発表された農業 IoT ソリューションについて興味を持ち、農業 IoTセンサーを導入したり、水田の水位監視ソリューションの取り組みをお手伝いしたりするようになりました。そんな中で、ふとイノシシ被害について相談してみたところ、すぐにアイデアが返ってきたんです」

● イノシシの足跡。ヒヅメの跡がクッキリ残っている

地域の資源を活かし狩猟を新しい産業とするために

　山野氏の推進でトントン拍子に話がまとまり、「実証をやってみよう」ということになった。しかし、鳥獣の狩猟をするためには都道府県が開催する狩猟免許試験に合格して、「狩猟免許」を取得する必要がある。実技と講習は猟友会が主催して行い、免許を取得した後にも猟銃を所持するには、公安委員会が行う猟銃等講習会を受講し、講習修了証明書を交付されることが求められる。さらに野生動物の捕獲に関しては千葉県の場合、県の環境保護課の許可がいる。その出先機関が地域振興事務所に入っており、計画書の申請が必要だ。

　山野氏は、地元の祭で顔見知りとなっていた猟師の堂野前　健氏に相談してみたところ、二つ返事で参画してくれることになったという。「罠などをどうやって仕掛ければいいのか、どんな許可が必要なのか、また、捕獲したイノシシをどう処理すればいいのか。まったく分からなかったんです。それで堂野前さんにいろいろ伺って、さらに許可が必要な手続きについては引き受けましょうとおっしゃっていただきました」

　もともと堂野前氏は祖父の影響もあって趣味で狩猟を始め、それを事業化するべく2017年に合同会社房総山業を設立した。堂野前氏自身も猟師として仕事をするなかで、さまざまな課題を感じ、それを解決したいと考えていたという。

●堂野前 健（どうのまえ たける）氏

「袖ヶ浦地域まで含めて猟師が所属する『木更津猟友会』という組織があります。現在は40名程度の会員数、捕獲従事者はその半分強となっています。高齢化が進んでおり、20代は自分だけ、その上は40代でそれも1人きりという状況です」

　平均年齢60代後半という猟友会では、堂野前氏以外は趣味として狩猟を行い、シーズン中に野山に入ら

せてもらっているお礼として、獣害対策としての狩りを半ばボランティアで行っている。1頭1万円ほど報奨金が出るものの、車や道具などの費用はすべて猟師持ち。1日から数日かけて猟を行い、仕留めた動物の一部はジビエとして食べるものの、ほとんどは穴を掘って埋める必要がある。しかし、成獣ともなれば大人の男性ほどの重さがあるイノシシを、穴を掘って埋めるのは大変な重労働だ。高齢化が進んでいる猟友会のボランティア頼みでは、もはや持続的に行っていくことは難しい。とはいえ、イノシシ捕獲を仕事として取り組むとしても採算がとりにくい状態が続いているという。

「このまま補助金頼みでいても、事業は成り立たない。そもそも命を取るのに、土に埋めるということはあまりにももったいないと思っていました。確かにイノシシは田畑や街に出てくれば害獣かもしれませんが、おいしく食べられるジビエという資源でもあります。農家が野菜を売る、漁師が魚をとる、それが流通して販売されて、人が食べることで産業が成り立つのなら、猟師も同じだろうと。流通や加工、販売などまでのルートができれば事業として継続できるのでないかと考えたのです」

　そのためにはジビエに適した精肉処理ができる獣肉処理加工施設が不可欠だった。幸い猟友会からの長年の働きかけもあり、2019年4月に株式会社 KURKKU が国や市の支援を受けて整備した獣肉処理加工施設「オーガニックブリッジ」が木更津市内にできたことで、イノシシを資源とするジビエ産業の環がつながったことになる。

「木更津市のイノシシ駆除は、2017年が900頭、2018年が1000頭にもなるのですが、十分な加工処理施設がなかったこともあり、そのほとんどが土に埋められていました。ジビエは加工が難しく、専門の施設でないと食肉としての許可が下りないんです。でも、オーガニックブリッジができたことで、駆除したイノシシ肉をおいしく食べることができるようになりました。ジビエ産業という新しい産業の環がつながったいま、その事業の活性化のためには、イノシシを捕獲する部分についても業務効率化が必要となるのは明らかです。実はそれが ICT を用いた取り組みに期待している部分でもあるんです」（堂野前氏）

 ICT の活用で鳥獣被害対策の効率化を実証

　イノシシの捕獲のやり方は、犬を使ったり、足くくり罠などを使ったり、さまざまな方法があるが、今回の取り組みでは ICT を活用して効率化するという観点から「檻罠」が採用された。イノシシが出没した場所に檻を 2 基設置し、山野氏の家と Wi-Fi でつないだ。檻の上に木更津工業高等専門学校の生徒が製作した「イノシシ餌の供給マシン」を用いて檻の中に遠隔から自動で米ぬかを撒き、周囲にも米ぬかを撒き、徐々に檻の中に誘導するというものだ。檻の奥にある餌をイノシシが食べるとその弾みで入り口が閉まり、閉じ込められる。それを堂野前氏が仕留めて、獣肉処理加工施設へと持ち込むという流れになっている。ここに ICT 機器として、イノシシの様子を映像で監視するネットワークカメラと、檻に入ったことを検知する赤外線センサーを設置した。

「赤外線センサーが何かの動きを感知すると、山野さんと私にメールが届くので、それをきっかけにしてスマホでネットワークカメラを確認します。カメラの映像は、2 分に 1 回静止画がクラウドに送られるようになっています。夜や早朝にメールが届く場合はイノシシである確率が高いですね」

● 檻罠。イノシシを中に誘導して閉じ込める

　罠には通常、最低でも 2 日に 1 回は餌を撒きに行き、毎日見回りに行くのが一般的だ。獲物となる動物だけでなく、ときにペットの犬や人が誤ってかかる恐れがあるためだ。しかし、センサーとネットワークカメラで遠隔で状況を確認することができれば、見回りは週 1 回程度で十分となる。さらに実際にイノシシがかかったときには、堂野前氏はあらかじめ適切な処理道具を持って行くことができ、獣肉処理加工施設の方にも対応する時間を連絡をしておくことが可能になる。

「先日 1 頭かかったのは火曜日の夜 22 時過ぎでした。罠を稼働状態にしていたので、こまめに見るようにしていたのですが、そろそろ寝ようというときになってふとスマホを覗いたら、イノシシが餌を食べに来ていたんですね。そのまま様子を見ていると、檻が閉まって大暴れしていたんです。その日はメールで獣肉処理加工施設に連絡を入れ、翌朝すぐに準備をして現場に向かいました」

　以前だと、実際には火曜にかかっていても翌日の水曜日に現場に行って、そこで初めてイノシシがかかっていると分かる。そして家に戻って準備をしてから再び現場に行く必要があるため、2 日ほど間が空いてしまうことになる。

「これまでは猟師の経験則で、足跡や食べた跡から、どういう個体が何匹いて、どのような動きをしているかなどを推測し、それにもとづいて罠をかけていたんです。でも、ネットワークカメラがあれば、『見えている』わけですから、作戦の答え合わせをするようなものです。従来の

● IoT を活用したイノシシの捕獲

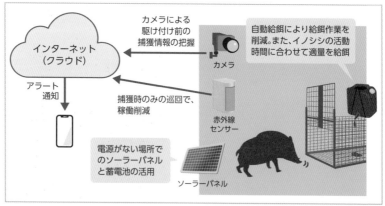

伝統的な技術やノウハウの伝承が難しくなる中で、カメラの映像は若い猟師にとって知見を得たり、体得した技術やノウハウを試してみたりする大きな武器になるのではないでしょうか」

　実際、堂野前氏もカメラのイノシシ映像を見て「あと数センチでワイヤーに触れそうだから、餌をこの隅においてみよう」などと実地に作戦を練ることができたという。

「正直、山野さんからカメラを置く話を聞いたときは、『猟師なら足跡があればだいたい分かるから、別にカメラなんていらないのに』と思っていました。イノシシがかかったことがセンサーで分かればそれで十分と思っていたんです。でも、実際にカメラがあることで、予測もできれば答え合わせもできる。使ったらやめられなくなりましたね」

　実はカメラを推したのは、山野氏だったという。この取り組みを行う前にも、自作のセンサーと騒音装置でイノシシよけをつくり、その際に設置したカメラがたいへん役に立ったという経験からだ。

「センサーの水位計などもそうなんですが、新しい技術を導入しようとすると、『そんなモノ入れたって、余分なお金がかかるだけ』という人は必ずいます。確かに、長年の経験に裏打ちされた技術やノウハウは素晴らしいものがあります。でも、人材不足のいま、そういうノウハウが

● 赤外線センサーでイノシシなどを検知

なくても実行できたほうがいいですよね。また、経験から優れた技術やノウハウを持っている人ほど、センサーやカメラなどのデジタルな武器があれば、さらに新たな知見を得られると思うんです。導入前から、絶対に猟師の人も『入れてよかった』と言ってくれると確信していました」

顔の見える地域連携に行政と NTT 東日本が加わる意味とは

　今回の取り組みでは、檻罠に赤外線センサーを導入し、イノシシの檻への進入検知やアラート通知を行うことで、巡回回数を大幅に削減することができ、さらにネットワークカメラで檻の様子を映像で監視することで、処理稼働（加工や処分）の効率化を図ることができた。

　猟師がイノシシを捕獲し、獣肉処理加工施設に持ち込んで枝肉としてさばかれ、冷凍庫に保存されるまでが1時間ほど。その処理の速さがジビエとしての品質やおいしさにも直結するため、その面でもメリットは大きいといえるだろう。今後も捕獲されたイノシシの枝肉は、獣肉加工施設でソーセージなどの加工品となったり、レストランでジビエ料理として提供されたりすることになる。

● 木更津工業高等専門学校の生徒が作成した自動給餌のマシン

● イノシシを檻罠で捕まえたところ

「私も今回、堂野前さんに同行して、初めて処理加工施設の様子を見せてもらったのですが、『いまからイノシシを持って行きます』と突然言っても受け入れる形なんです。でも、今回の取り組みのように捕獲できたことが事前に分かれば、処理側も事前に準備も対応もできるし、効率的に動けるようになるでしょう」(山野氏)

　山野氏はもともと地元のイベントなどを通じて、KURKKUとさまざまなコミュニケーションがあり、お互いに顔を知っている同士。また、草取りロボットの実証でコミュニケーションのあった木更津工業高等専門学校、さらに地元の祭で知り合った堂野前氏と、地元のコミュニティの中で培った山野氏の「顔見知り」の関係が地元の連携に大きく寄与していることは間違いない。その地元の連携の環に、NTT東日本が加わった形だが、山野氏は「NTT東日本が全体企画・運営を担ってくれたからこそ、可能性が広がった」と語る。

「技術や機器の提供はもちろんなのですが、市との取り組みとして実現したのは、NTT東日本による提案であるということは大きかったと思うんです。市政としてプロジェクトを推進するといっても、ゼロから担い手確保や座組をコーディネートすることは難しく、手をあげた人、やり始めた人を支援するほうが効果的でしょう。とはいえ、地元の輪がつ

ながって企画が立ち上がったとしても、ときに継続が難しくなることもあります。しかし、そこを NTT 東日本が取りまとめるとなれば信頼度も高まるし、横展開もしやすくなります。加えて効果が出たあとのサービス化や社会実装に向けて活動してくれるので大変期待しています」

　なお今回の取り組みをもとに新たな改善や範囲拡大などを図り、継続していきたいという。

「ICT を活用することによって檻罠の管理が容易になり、スムーズな業務連携ができることが分かりましたが、自動給餌の改善や檻のサイズ調整など、効果的といわれるものは新たに試していくつもりです。ただ単に実験を繰り返すのではなく、鳥獣被害対策として効果的な方法を見つけて実績を出していきたいですね。本当に効果を上げていくには地域全体として実装して課題解決につなげていく必要がありますね」（山野氏）

「私もカメラを見ながら、群れを一網打尽にできる方法はないかと考えていました。設置箇所を増やして捕獲数を増やすより、1ヶ所で捕獲数を増やす方法がないかと思っています。また、今回はアナログな仕組みで、イノシシが檻に入ってもなかなかワイヤーに触れてくれずヤキモキしました。遠隔で扉を閉められる機能が追加されることを期待しています。そうした効率化によって年間1000頭を安定して捕獲できるようになり、イノシシをおいしく食べられる仕組みが確立すれば、産業化もそう遠くないのではないかと期待しています。木更津の新たな名産品にな

● 鳥獣害対策から地域産業の創出・活性化へ

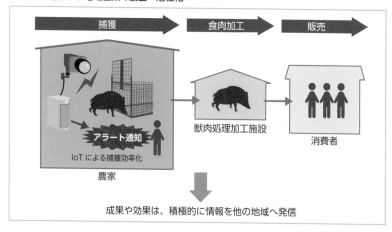

ればいいなと思っています」（堂野前氏）

※　文中に記載の組織名・所属・肩書き・取材内容などは、すべて2019年12月時点（インタビュー時点）のものです。

まとめ

背景と課題

　イノシシが頻繁に田んぼに出没するようになった。特に稲の収穫間近の 8 月末から 9 月ごろに出没し、食い散らかす被害が起きている。さらに、荒らされた区画の米は獣臭くなって食べられなくなる。一方で狩猟従事者は高齢化と担い手不足で減少している。また仕留めたイノシシは穴を掘って埋めていたので労力がかかっていた。

取り組み内容

　檻罠に IoT による監視を組み合わせて、イノシシ捕獲の効率化を実現する。さらに捕獲がすぐ分かるので処理の速さが求められるジビエとしての活用につなげられる。

- 赤外線センサーによるアラート通知とネットワークカメラによる監視を導入
- 巡回回数を大幅に削減、捕獲作業を効率化
- 捕獲したイノシシは獣肉処理加工施設と連携し、迅速に処理することが可能に

今後の展望

　捕獲したイノシシの肉をソーセージなどの加工品やジビエ料理として提供する。イノシシの捕獲から捕獲後の処理、そしてジビエへの展開に至るまで、新たな改善や範囲拡大などを図り、地域での本格実装を展望して市や関係者と連携し、取り組みの継続・拡大と産業としての確立を図っていく。

14万市民がつながる街づくり
ICT活用で地域の連携を進める

渡辺 芳邦 (わたなべ よしくに) 氏
千葉県木更津市 市長

—— 木更津市がめざす街づくりにおいて、ICTなどのテクノロジーの
活用にどのように期待されているのかお聞かせください。

　木更津市は房総の温暖で自然豊かな環境のもと、都心に近い田舎とし
て、独自の発展を遂げてきました。古くは港町として栄え、1997年に
東京湾アクアラインが開通してからは、官民あげての努力の甲斐あって
人口は増加傾向にあり、近年は街の様相も変化しつつあります。

　新しい街づくりにおいて、2016年3月に策定した「木更津市まち・ひ
と・しごと創生総合戦略」を実践する戦略視点として「オーガニックな
まちづくり」を掲げました。「オーガニック」と聞くと、有機農産物など
を想像する人が多いかもしれませんが、「有機的な」とも訳されるよう

に、細胞や組織がつながりあい、互いに補完し、全体がバランス良く快適な状態という意味を持ちます。つまり、人の営みと自然、さまざまなコミュニティ同士、さまざまな産業が多様性として調和する。市民一人ひとりが自立し、つながって循環することで、地域の持続的な活性化を図ろうとしているわけです。

　そのさまざまな"つながり"を推進する上で、コミュニケーションや情報のインフラ整備は不可欠です。市としても一人ひとりの市民とつながり、さらにはさまざまな"つながり"の支援・促進という役割・機能も担います。そこに ICT テクノロジーの力を借りることで、効率化・活性化を図ろうと考えています。

—— 具体的にはどのような取り組みが行われてきたのでしょうか。

　まず市の職員による、「14 万市民がつながる きさらづデジタル2020 チーム」というプロジェクトチームを立ち上げ、ICT の利活用を議論し実践に移していきました。具体的には地域通貨である「アクアコイン」や、木更津市公式アプリの「らづナビ」、そして地域における ICT活用などがあります。それらを 2019 年にスタートした第 2 次基本計画に盛り込み、さらに 2020 年からスタートする「地域情報化推進プラン」の中で、「Society 5.0」を実現するためには地方都市として何ができるのか、議論を始めつつあります。その議論の最中に、木更津を含む南房総地域は巨大な台風によって甚大な被害を受けたこともあり、自治体の情報インフラやコミュニケーションの重要性を市民・職員とも強く実感することになりました。その思いを抱きつつ、防災のほか、防犯やごみ、育児、介護などさまざまな情報の受発信をさらに活性化しようとしているわけです。

—— 「野生鳥獣被害対策」のプロジェクトを発足するなど、市民生活における ICT 活用を市が積極的に推進しようとしています。その経緯についてお聞かせください。

　先に「オーガニック」というキーワードを申し上げましたが、有機的なつながりのためには、市政から市民へという情報コミュニケーションだけでなく、市民やコミュニティ、産業などあらゆる連携が重要になり

ます。そのカギとなるのが「同じ思い＝志」でしょう。志ある人が同じ目的・目標に向かって協力し合うこと、それがお互いの連携を強化し、大きな推進力を生み出すと考えています。

　そうした「地域の協働・連携」を支援するべく、「オーガニックなまちづくり」のステップアップを図るため、「第2次基本計画」をスタートさせ、地域の産業などへICTを実装するために地方版スマートシティモデルに向けた実証事業を行うことを宣言しています。

　その第一弾としてスタートしたのが、IoTを活用した鳥獣害対策とジビエ産業における地域活性化です。それは単に市のサービスとしての「市民の困りごと解決」が目的ではなく、矢那地区の農家、地元猟友会所属の猟師、木更津工業高等専門学校、ジビエ加工・流通の企業、そしてNTT東日本など、産官学の多様なプレーヤーが協力し合って取り組むことで、イノシシという地元の資源を有効活用して産業化することや、そこで得られたノウハウや知見を農業や林業、観光や福祉、防災などに役立てることまでを意図しています。この産官学の連携はとても重要と考えています。

●スマートシティモデル確立に向けた全体像（木更津市）

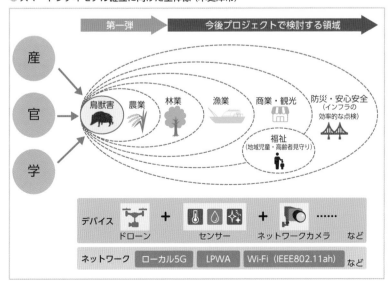

—— 今後、地域の課題解決に向けて取り組まれる施策についてお聞か
　せください。

　いかに効率的に地域の課題を解決するかを考えたとき、ICT の活用
が必須であることは明らかです。そうなれば、予算との兼ね合いにもな
りますが、もう全方位に向けて同時多発的に取り組んでいかなければ間
に合わないと考えています。

　例えば、2019 年の「木更津港まつり」では、NTT 東日本とネットワー
クカメラを活用した来場者の混雑状況の可視化・分析を行い、警備員の
適切な配置や、来場者の誘導の円滑化に活用できるかを検討しました。
ほかにもさまざまな民間企業や地元のコミュニティと連携して ICT 活
用を行っていきます。

　しかし、その中で大きな課題となっているのが、特に高齢者を中心と
した「デジタル・デバイド」の問題です。ICT 活用となると、どうして
も世代ギャップが激しくなるので、その格差はなんらかの形で是正して
いく必要があるでしょう。一方、これまではすべての市民に対しての公
平性・平等性を意識するがゆえに、対象者が限られるような先端的な取
り組みを躊躇する傾向がありましたが、今後はあえてそこにも積極的に
臨んでいくべきだと考えています。高齢者に配慮しつつチャレンジした
人に市としても支援を行い、そこで得られた成果を市全体に広げてい
く。そうした行政のあり方が求められているように感じています。

第 7 章

山間部のネットワーク化と IoT で
林業の成長産業化と村づくり

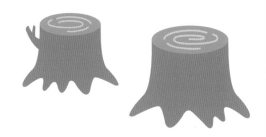

- 山梨県小菅村
- 北都留森林組合
- 株式会社 boonboon
- 株式会社さとゆめ

山梨県北都留郡小菅村

　東京都の西端、奥多摩町に隣接する山梨県小菅村は、森林面積が95％、人口約700人の小さな村だ。同村では、林業が抱える「林業従事者の労働災害抑止」と「シカなどの獣害対策」という2つの共通課題を解決するため、2020年2月、高出力のLPWAとIoTを活用した取り組みを開始した。将来的にこの自営ネットワークを基盤とした「Smart Village」の実現をめざしていく。

森林を守り林業を成長産業に

　林野庁の発表（2019年）によると、日本国土面積に占める森林面積は67%となっている。そんな森林国日本だが、年々、林業従事者は減っている。林野庁「林業労働力の動向」によると、2015年で4.5万人となっており、1985年の12.6万人と比較すると約3分の1となっている。

　だからといって、木材生産額も減り続けているわけではない。2009年に約1950億円で底打ちした後、上昇傾向にあり2016年には2370億円となっており、木材自給率も2000年に18.2%で底打ちした後、上昇し2018年で32.4%になっている（林野庁「2018年木材需給表の公表について」）。

　その背景にあるのが、第二次世界大戦後に行われた積極的な造林である。林野庁の「我が国の森林管理をめぐる課題」によると人工林の51%が、植栽後45年を経過した10齢級以上となっており、伐採適齢期を迎えている。あわせて木質バイオマス発電所の普及や国産スギなどを合板原料として利用するなど、国産材の需要量が増加しているという。

　数年前より農業をはじめとする第一次産業においてもICT化が徐々に進んでいるが、林業には「目を向けられることが少なかったと思う」と北都留森林組合代表の波多野 晃氏は明かす。北都留森林組合とは、山梨県上野原市、小菅村、丹波山村を管内とする広域森林組合である。

　日本の森林の約7割が民有林（個人や企業が所有する森林や都道府県が所有する森林）である。森林組合はその所有者が組合員となり、組織されている協同組合である。森林組合の運営資金は、組合員の出資金で成り立っている。

　北都留森林組合は、約1900人の組合員が出資し、その資金を元に森林整備事業、特殊伐採事業（高いところの枝落としや、寺の大きな木、家周りの木など伐採が難しい作業を請け負う）、販売事業（丸太や薪、椎茸木などの特用林産物などを販売）、森林環境教育事業（幼小中学生を対象とした間伐体験や家族連れ向けの森林林業体験教室などを開催）を運営している。これらの事業の中で特に重要なのが、森林整備事業である。

　林業の仕事は1年を通して行われる。2～3月に地ごしらえ（伐採した跡地を整備して苗木を植えられるようにする作業）を行い、4～5月

に苗木を植える植栽作業を実施。6 ～ 8 月に苗木の成長を妨げる雑草を刈り取る下刈り、9 ～ 10 月には枝打ち、11 ～ 12 月に間伐を行う。森林組合ではこのような造林事業を繰り返すことで森を育てることに加え、森林作業道を開設し、間伐材を搬出する素材生産事業まで森づくりのすべての仕事を担っている。

森林整備事業に伴う危険

　だが、森林整備事業はそう容易なものではなく、「常に危険がつきまとっている」と波多野氏は語る。林野庁の「林業労働災害の現況」で発表されている産業別死傷年千人率（労働者 1000 人あたり 1 年間に発生する死傷者数）を見ると明らかだが、2018 年の全産業の平均が 2.3 に対し、林業はその約 10 倍の 22.4 となっており、最も高い数値を示している。死傷発生率が高い理由は、急斜面や炎天下での作業など、危険を伴う業務が多いからだ。林野庁「林業労働災害の現況」によると、2018 年に発生した死亡事故のうち、半数以上が山中での伐木作業中の事故だったという。

　そもそも山間部は人が住んでいない場なので通信環境がない場合が大半だ。高い木々や周辺の山々に遮られており、尾根付近まで出ると携帯電話がつながることはあるが、登山道でもなかなかつながらない場所が多い。例えば間伐や枝打ちをするために、森林組合の職員が 3 ～ 5 人ぐらいで山に入るが、それぞれの作業場所は異なる。つまり作業中に事故にあったとしても、作業場である山中では通信するためのネットワークがないため、救助をすぐに呼べない場合があるのだ。しかも、どこで事故にあったのか、その場所も容易に特定できないこともあるため、どうしても救助活動に時間を要することがある。小菅村の舩木直美村長も「20 年前、私も父を山で亡くしているんです。電波が届けば、助けることができたのではと思います」と語る。

　森林組合にとって、作業者の安全確保は第一優先事項である。そのため、「万一の事故発生時には、すぐに救助要請できる手段が欲しい」という声はもちろん、組織として継続していくためにも、林業が危険な職種というイメージを払拭し、「若者が安心して就業できる職業にしたい」という思いがあったという。「林業従事者の労働災害抑止」、これが林業界の抱える第一の課題だった。

🔘 林業が抱える課題「シカなどの獣害対策」

　もう一つの課題が、シカなどの獣害対策である。持続可能な林業や災害対策の観点からも、伐採→植林→育林というサイクルが必要になる。特に多摩川の源流部である小菅村の森林面積の約3分の1は東京都の水源涵養林として100年以上も前から森林の保護が進められている。つまり小菅村の森を管理していくことは、多摩川の水を守ることにもつながる。

　小菅村の森は人工林が半分を占める。その人工林の半数が伐採適齢期を迎えているという。伐採の後、植林・育林をすることになるのだが、せっかく1本1本手作業で苗木を植えても、シカに食べられてしまうという。経済的損失が大きいというだけではない。林業経営意欲も低下してしまう。現在シカを捕獲するため、小菅村では「地域の協力を得て罠を仕掛けて対応しています」と舩木村長。だが、罠にかかっているかどうか確かめるため、村の担当者は1人で巡回しており、丸1日かかっていたという。

　「シカによる獣害を減らすためには、年間200頭捕獲する必要があるのですが、現在捕獲している数は年間70～80頭。間に合っていないん

● シカ（小菅村鶴峠で撮影）

です。もっと広範囲に多数の罠を仕掛けられるようにするためにも、巡回の負担を減らす効率的な仕組みが求められていました」(舩木村長)

　林業が抱える「林業従事者の労働災害抑止」と「シカなどの獣害対策」という 2 つの課題を解決するには、ICT の活用が欠かせない。だがそのためには先述したようにネットワークの敷設がカギを握る。そこで地域のいろいろなプレイヤーと、農業や畜産、養殖、漁業などの第一次産業分野でさまざまな支援をしてきた NTT 東日本が、林業が抱える 2 つの課題解決に乗り出した。

◉ 地方創生に取り組んできた小菅村

　小菅村は人口約 700 人、面積 52.78 平方キロメートルと山手線の内側に収まるぐらいの広さだが、過疎化・高齢化に歯止めをかけるべく、村民、民間企業、役場の職員が一体になって地方活性化に積極的に取り組んできた。

　2014 年に国は地方創生を推進するため「まち・ひと・しごと創生法」制定。小菅村では 2016 年には小菅村地方創生総合戦略を策定。それと前後するが、2015 年には「道の駅こすげ」をオープン。ここでは小菅村の特産品を使ったレストランや特産品を販売する物産館、展示や体験コーナーなどが設けられており、村の情報発信基地的な役割を担う。「多摩源流 小菅の湯」という温浴施設や、「フォレストアドベンチャー・こすげ」などの観光施設を設けている。

　「道の駅こすげ」を含め、これらの観光施設は 2017 年に設立された「源」という会社が運営している。源は小菅村内の人・モノを生かした産業の振興も担っている。道の駅物産館では、小菅村の新しい特産品鹿肉(ハンバーグ)を販売している。そのための解体処理加工施設も村が作っている。このような取り組みが功を奏し、直近 5 年の観光客数は倍増、また 22 世帯 75 人の子育て世帯が移住してきたという。

　成果はこれだけではない。源を含め、ベンチャー企業も 5 社が誕生している。2019 年 8 月には、小菅村全体を一つのホテルと見立てる分散型ホテル「NIPPONIA 小菅 源流の村」を開業し、運営する「EDGE」もその 1 社である。EDGE は源と「さとゆめ」、「NOTE」3 社の共同出資によるベンチャーで、同ホテルで働くスタッフは小菅村の住人だ。

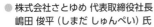

● 株式会社さとゆめ 代表取締役社長
　嶋田 俊平（しまだ しゅんぺい）氏

● 株式会社 boonboon
　青柳 博樹（あおやぎ ひろき）氏

　さとゆめは小菅村の地方創生の総合戦略の策定など、村の地方創生を支援している企業である。また NOTE は地域資源である空き家・歴史的建造物を活用したアセットマネジメントを提供する会社である。そのほかにも、小菅村の特産品となりつつある、ジビエの食肉加工を行う「boonboon」、小さな家「タイニーハウス」や、オリジナル家具の企画・開発・販売を行う「小菅つくる座」というベンチャーが設立されている。

　実は boonboon はジビエの食肉加工だけではなく、野生動物の管理、自然体験活動の企画・運営も行っており、罠の巡回は同社も担当しているという。

　さらに 2020 年秋には「温泉向け木質バイオマスボイラーの導入など、豊富な森林資源を活用した取り組みを計画しています」と舩木村長はさらなる村の活性化につながる施策を検討しているという。「ぜひ、地域の連携で村を守りたいと思った」とさとゆめの代表嶋田俊平氏は語る。

◎ 山間部に自営ネットワークを構築

　小菅村、森林整備や林業の成長産業化に取り組む北都留森林組合、鳥獣害対策ベンチャー boonboon、古民家ホテルの開業など、小菅村の地方創生総合戦略に携わっているさとゆめ、NTT 東日本の 5 社共同で、林業界が抱える課題解決に向け、IoT 技術を用いた取り組みを 2020 年2 月から開始することとなった。

● LPWA のメッシュマルチホップで山間部をカバー

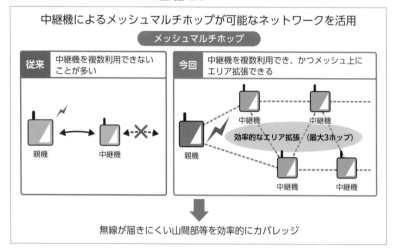

どうやって山間部に通信するためのネットワークを整備するのか。その技術として採用されたのが、高出力 LPWA である。従来の LPWA の出力 20mW と比較すると、今回小菅村に敷設するのは 250mW の LPWA。しかも今回の高出力 LPWA は中継機を複数利用でき、かつメッシュ状に最大 3 ホップまでエリア拡張できる（メッシュマルチホップ）タイプだ。メッシュマルチホップの良さは、広範囲をカバーできるだけではない。万一、中継機が壊れても、迂回して親機にたどり着くことができる。この技術により無線が届きにくい山間部などを効率的にカバーする。小菅村では親機を小菅村中央公民館 4 階に設置。中継機 4 台で小菅村のほぼ全域がカバーできる見込みである。「冬の間は電波の状況がよくて

● 親機を小菅村中央公民館に設置

● 中継機は太陽光パネルで動作する

　も、夏になって木が生い茂ると、電波状況が変わるかもしれません。その辺も確かめていきたいと思います」（波多野氏）。

◉ SOS や位置情報、チャット機能を活用

　林業従事者の労働災害抑止の取り組みは、双方向通信可能な端末（子機）を新たに用意して実施する。「北都留森林組合の職員と boonboon の従業員に配布して活用してもらう予定」と舩木村長。

　同子機に搭載される機能は大きく３つある。

　第一が端末本体のボタンを押下することで、現場から事務所などに SOS 信号を発信する機能である。これまでは通信環境がないため、まず、山に入る際にどこで携帯電話の電波が入るか、確かめることから仕事を始めていたという。だが、自営ネットワークの敷設により、そういう作業も不要になる。不慮の事故が起こった際、現場作業者から事務所などに連絡ができなかったが、自営ネットワークと端末によりボタンを押すだけで救助要請ができるようになる。また転落して、自力でボタンが押せなくなったとしても、加速度センサーがトラブルを検知し、自動

● 子機を携行する

で SOS 発信してくれるという。

　第二の機能が GPS で捕捉した作業者の位置情報を地図上に表示する「位置情報把握」機能である。これまでは救助に行こうとしても、負傷者の正確な居場所が分からなかったが、この機能により事務所から現場に直行し、迅速な対処ができるようになる。

　第三は専用アプリを介し、テキストや位置情報を送受信する「チャットコミュニケーション」機能である。従来、業務連絡は携帯電話の電波が届くところまで移動して行うため、作業ロスがあった。しかし自営ネットワークであれば、現場を移動することなく、

● チャットでリアルタイムに業務連絡

リアルタイムに業務連絡ができるようになる。「間伐や伐採する際の合図として、これまでは大きな声を出したり、笛を吹いたりして安全を確認していましたが、このような端末を身につけることで、作業中、現場での意思疎通もできるようになります。安全性は大きく向上するでしょう」（波多野氏）

◉ IoT を活用して罠の巡回作業を効率化

もう一つの課題であるシカなどの獣害対策としては、こちらもセンサーを内蔵した子機を用意。くくり罠の作動をセンサーが検知すると、指定されたメールアドレスに捕獲通知が送信されるという仕組みだ。

これまでは猟師の勘と経験で巡回ルートを設計し、1人で順番に巡回し、捕獲されていないか確かめ、捕獲発見後、仲間に連絡し複数人で対応していたという。ジビエの食材として用いるには、「捕獲発見後すばやく血抜きを行い、速やかに加工場に搬入し、処理を行わなければならない」と舩木村長は説明する。つまりこれまでの方法では、搬入するまでに時間がかかる場合があり、boonboon の青柳博樹氏によると、「村の猟友会全体として捕獲した頭数の3分の1しかジビエ肉として活用で

● LPWA で小菅村の広範囲をカバーし労働災害抑止と獣害対策を実現

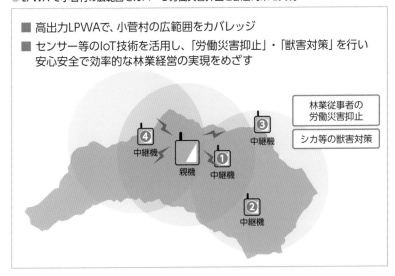

■ 高出力LPWAで、小菅村の広範囲をカバレッジ
■ センサー等のIoT技術を活用し、「労働災害抑止」・「獣害対策」を行い安心安全で効率的な林業経営の実現をめざす

林業従事者の労働災害抑止

シカ等の獣害対策

④ 中継機
親機
① 中継機
③ 中継機
② 中継機

きていない」と言う。

　だが、この仕組みを導入すると、捕獲通知があった場所を優先的に、かつ複数人で駆けつけ対処できる。無駄がなく、巡回ルートの最適化が可能になることに加え、「ジビエ化率も高めることができる」と青柳氏は語る。舩木村長は「効率化が進むことで多くの罠が設置できるようになるでしょう。さらなる特産品づくりに貢献できるのでは」と期待を込める。

　とはいえ、センサーだけでは、本当にシカが捕獲されているかどうかが分からない。さらに効率化を図るため、カメラの利用も検討しているという。特に巡回が困難な設置場所には赤外線センサー付きカメラを設置し、巡回前に現地画像を確認できるようにするという。捕獲の有無や鳥獣種別、大きさを事前に把握できるようになる。「鳥獣の種類や大きさによって扱う道具や対処人数も変わります。事前にそれらを把握することができれば、巡回稼働の効率化をより図ることができるでしょう」

（舩木村長）

● 罠の作動をセンサーが検知すると捕獲通知が送信される

自営ネットワークを Smart Village の基盤に

　自営ネットワークは、林業従事者の労働災害抑止およびシカなどの獣害対策だけに用いられることを想定しているだけではない。「Smart Village の基盤とし、他の産業への活用をめざしていく」と舩木村長は展望を述べる。例えば観光用電動自転車の位置情報捕捉や小菅村の特産品であるわさび栽培の環境センシング、登山者の安全確保、やまめ養殖の水質センシング、さらには古民家ホテルのスマート化なども視野に入れている。観光用電動自転車の位置情報を捕捉することで、観光客の行動分析が可能になり、より魅力的な観光施設の整備も可能になる。

　また 95％が森林に囲まれた小菅村はトレッキングコースの宝庫。その中でも標高 1897 メートルの大菩薩峠は小菅村を代表する山で、雄大な美しさにより多くのハイカーや登山客を集めている。自営ネットワークが敷設されたことで、尾根に出なくても連絡できるような手段を提供し、安心してトレッキングや登山を楽しんでもらうことができると期待されている。「小菅村には有名な山がたくさんあり、それらは大切な観光資源。ですがそこには、危険もたくさん潜んでいる。事故や事件も防ぐことができるのでは」と波多野氏も期待を込める。

　子育て世帯の移住者が増えているとはいえ、村民の高齢化は進んでいる。「小菅村の高齢者率は 46％です。自営ネットワークは徘徊対策にも使えると思います。これから活用についていろいろな議論をしていきたいと思います」（舩木村長）

　「山おこし＝町おこし」を提唱する波多野氏は、小菅村の面積の 95％を占める森林を有効活用していくことこそが、同村の発展につながると期待する。そのためには林業をデジタルトランスフォーメーション化し、成長産業に変えていくことが不可欠だろう。

　舩木村長は林業への ICT 実装を進め、山に付加価値を付ける取り組みを行っていくという。小菅村で林業が成長産業化できれば、そのノウハウは森林率の高い県、地域の参考になり、過疎化対策にも貢献できる可能性がある。「日本を変えるのは、わが村から」。舩木村長はそう意気込む。2020 年 2 月より、いよいよ小菅村で林業のデジタルトランスフォーメーション化の一歩が始まる。

● 自営ネットワークを Smart Village の基盤に

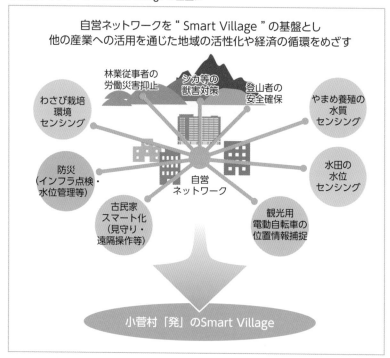

※　文中に記載の組織名・所属・肩書き・取材内容などは、すべて 2020 年 1 月時点
　　（インタビュー時点）のものです。

まとめ

背景と課題

　林業のフィールドである山間部は、険しい地形もあり危険を伴う業務が多いうえ、通信手段がない場合もある。そのため労働災害抑止が課題となっていた。また、植林しても食害にあうなどシカなどの獣害対策も課題となっていた。広い山中で罠を仕掛けた場所を巡回するだけで1日かかるため、罠も増やせなかった。

取り組み内容

　高出力でメッシュマルチホップ機能を有するLPWAで山間部をカバーして通信環境を整備した。山に入る職員が子機を携帯し、以下の機能を利用する。

- 不慮の事故のときに、ボタンを押すか、加速度センサーの検知でSOS発信
- 子機のGPSで捕捉した作業者の位置を把握
- チャットでリアルタイムに業務連絡

　また、シカを捕獲する罠に、センサーを内蔵した子機を設置し、罠が作動すると通知を送信する。すばやく対応できるためジビエに利用する率も高くなる。

今後の展望

　自営ネットワークをSmart Villageの基盤として、わさび栽培や、やまめ養殖、観光、古民家ホテルのスマート化などにつなげる。山に付加価値を付けて「山おこし」をめざす。

わが村から日本を変える
IoT を活用し Smart Village 化をめざす

舩木 直美 (ふなき なおよし) 氏
山梨県小菅村 村長

—— 小菅村にとって林業はどのような位置づけの産業なのでしょう。

舩木　小菅村は多摩川の源流の村と呼ばれています。村の面積の 95％
を森林が占めており、その約 3 分の 1 の約 1800 ヘクタールを東京都の
水源涵養林として都が管理。それ以外の森林は個人や企業が所有してい
ます。小菅村の林業従事者は 15 人。都の水源涵養林を管理している人
たちを加えても 40 人ほどです。40 人で約 5000 ヘクタールもの森林を
管理していることになります。高度経済成長の頃には、木材需要は高ま
りましたが、それだけで採算をとるのは難しいです。ですが、源流を守
るためには林業は必要です。林業を稼げる職業とするため、山に付加価
値を付けることが求められています。

波多野　そうなんです。私たち北都留森林組合は上野原市、小菅村、丹波山村の森林の整備事業を担当しています。山は資源です。それを上手く活用して新しいものを考えていく必要があります。

―― 付加価値を付けるような取り組みとおっしゃいました。具体的に計画していることがあれば教えてください。

舩木　2020年度から3つのプロジェクトを計画しています。まず一つが、木育という観点で、オーナーとなっていただく方を募り、1年かけて、1本の木を伐採し製材して自分の孫や子どもの学習机を作るというものです。そのために村ではNC工作機械を購入しました。第二のプロジェクトは小菅村の材木を合板に活用するというもの。木材チップにするより、合板の方が流通単価は高くなります。第三のプロジェクトは温泉向け木質バイオマスボイラーの導入です。これも村内で伐採した木のうち、柱や板として使えないものを薪として燃料に活用します。

波多野　先日は、ある自治体の市長から木のストローを作るのを検討してほしいと言われました。またあるお寺からは木で護符を作ってほしいという依頼もありました。これらが実現し、成功事例となれば、他へも拡がり木材の国内需要が増え、結果として森林を元気にしていくことができます。

　山自体を有効活用するという意味では、林道をきちんと整備し、ハイキングやトレッキングスポットとして、より多くの人に楽しんでもらうこともできるでしょう。今回の取り組みのために敷設する自営ネットワークは、観光産業の発展にも大きく貢献してくれると思います。

―― 今回の取り組みでは林業従事者の労働災害抑止とシカなどの獣害対策を目的としています。

波多野　北都留森林組合には毎年、新卒を採用しています。来てくれるのは、大学で森林や林業に関する専門科目を学んだからというより、環境に興味がある、地域貢献がしたい、社会貢献がしたい、という仕事で自己実現したいという高い志を持った若者です。森林組合の仕事は、事務方の仕事もありますが、メーンとなる仕事は森林整備事業です。実際に山に入って地ごしらえ、植え付け、下刈、枝打ち、間伐などの作業で

す。そういう若い人たちが安全・安心に働けるような職場にしたいというのが、私たちの長年の願いでした。今回の取り組みの効果を楽しみにしたいと思います。

舩木　獣害対策については、現在年間 70 〜 80 頭ぐらいしか捕獲できていませんが、IoT センサーを罠に取り付けることで、効率的な発見・対処が可能になるという期待があります。この取り組みが上手くいけば、現状の罠を倍に増やすこともできるでしょう。シカによる害を削減するためには、年間 200 頭捕獲すること

波多野 晃 (はたの あきら) 氏
北都留森林組合 代表

が必要だと言われています。それを達成できる可能性があるわけです。

　また獣害対策への IoT センサーの活用は、今はまだ捕獲数の 3 分の 1 ぐらいしかないジビエ化率を、大幅に上げることもできるのではと期待しています。ジビエ肉として使うには、捕殺から短時間で加工場に運ぶ必要があります。捕獲通知のあった場所から優先的に、必要な人数と道具を持って行くことができるからです。また巡回が困難な罠の設置場所については、赤外線センサー付きカメラの設置を予定しており、巡回前に現地画像を確認することでさらなる巡回の効率化が期待されます。ジビエ化率が高まれば、鹿肉を使った新たなレシピの開発もできるでしょう。

—— 今後、小菅村では自営ネットワークを基盤とした Smart Village
　　化をめざしていくと伺いました。

舩木　日本を変えるのはわが村からという意気込みで、Smart Village 化に取り組んでいます。その基盤となるのが自営ネットワークだと考えています。林業従事者の労働災害抑止やシカなどの獣害対策だけではなく、わさび栽培ややまめ養殖の水質センシング、観光用地電動自転車の位置情報捕捉、登山者の安全確保、古民家ホテルのスマート化など、さ

まざまな産業に活用し、地域の活性化や経済の循環をめざしていきたいと思います。と同時に林業のデジタルトランスフォーメーション化にも取り組んでいきます。

波多野　林業をデジタルトランスフォーメーションすることで、儲からない林業から儲かる林業へと変えていきたいですね。そして多くの人が山や林業に注目する産業にしていきたい。山を守ることが、水源を確保し、災害からも守ることにもなります。森林を中心とした持続可能な流域循環型社会の実現をめざしたいですね。

第 **8** 章

仙北市・しいたけの菌床栽培

秋田しいたけのブランドを守る
IoT 活用で稼げる農業へ

（秋田県林業
研修センタ

- 秋田県仙北市
- 農事組合法人仙北サンマッシュ
- 秋田県林業研究研修センター
- 株式会社フィデア情報総研

秋田県仙北市

　肉厚で味が良いと評判の高い「秋田の生しいたけ」。冬は出稼ぎが多かった豪雪地域で、屋内栽培で安定した収入が期待できるとして注目され、栽培が広がってきた。今や量も質も向上し、販売量・販売額・単価で日本一という「販売三冠王」を狙う産業として成長している。しかし、少子高齢化時代による人手不足や、安価な海外産の台頭もあって、さらなる作業の効率化と高品質なしいたけの安定生産が求められている。そこで、秋田県仙北市では産官学が連携し「稼げるスマート農業」「持続可能な低コスト農業」をめざして IoT 活用が開始されている。

冬期でも栽培しやすい 「しいたけ」の菌床栽培

　「しいたけって、生えだすと一気に生えてきて、大変なことになるんです。栽培のポイントは温度と水の管理。乾燥しすぎないように1日に1〜2回ほど散水し、基本的には20〜23度くらいに保ちます。だいたい人間に快適な温度がしいたけにとっても快適なんですね」

　愛情あふれる口調でそう語るのは秋田県仙北市の鈴木八寿男氏。最盛期にはハウスの中に約1万5000もの菌床が設置されるという仙北屈指のしいたけ生産者だ。品質改善や生産性向上をめざして近隣の生産者とともに農事組合法人仙北サンマッシュを設立し、仙北のしいたけ栽培を牽引してきた。鈴木氏がしいたけ栽培を始めたのは17年前。家業である農業を引き継いだ頃は水稲のみの栽培だったが、冬期の仕事が必要だったことから開始したという。

「稲作だけだと冬の間は仕事がなくなるため、多くの人が都市部に出稼ぎに行くんです。でも、できれば家族と一緒にいたいし、地元で働きたい。雪かきなどの作業もありますが、自分は農家として食べていくことを望んでいましたから。そこで、冬場もできる作物で安定的な収入が得

● 農事組合法人 仙北サンマッシュ 代表理事 鈴木 八寿男（すずき やすお）氏

られるものとして『しいたけ』に目をつけたんです。そして年間を通した経営ができないか、考えるようになりました」

鈴木氏と同じような理由から、秋田にはしいたけを栽培する農家が多く、特に冬期でも栽培がしやすい菌床栽培が盛んだ。一般的にホダ木を使った自然栽培では、暑すぎず寒すぎずほどよい湿度が保たれ、それでいて昼夜の寒暖の差が激しい春と秋にしいたけは多く発生する。しかも一定期間にまとめて発生するため、乾燥しいたけとして出回ることが多い。他方、菌床栽培は温度など環境の管理を適切に行えば、時季以外にも生産することができ、量も調整が可能なので、比較的高額な生しいたけとして安定的に流通させることができる。

秋田での菌床栽培によるしいたけは、前年の冬に菌床を仕込み、春夏にかけて培養し、秋冬が収穫というサイクルが基本だ。稲の刈り取りが終わる 10 月くらいから春までの期間がメインだが、エアコンを使って夏季に収穫をする場合もある。

培地の主な原料となるのは広葉樹林の木材から作られた「おが粉」。そこに米ぬかやふすま*1 を加え、栄養豊富な培地を作る。このとき、とうもろこしの芯を砕いたものを加えるなど、配合を変えることで味や品

● しいたけ栽培ハウスの外観（仙北サンマッシュ）

*1 小麦の製粉時に出る殻。一般に、家畜の飼料などに使われている。

● しいたけがハウス内で栽培される様子（仙北サンマッシュ）

質が大きく変わるという。生産者が自分で配合を工夫して自前で作る場合もあるが、大半は培地をブロック状に固めた「菌床ブロック」を購入することが多い。鈴木氏の場合は、前年の12月から4月にかけて自身が代表を務める農事組合法人で菌床ブロックを製造。培地をブロック状に固めて常圧釜で98℃10時間をかけて殺菌し、2日間冷却したところにクリーンルームでしいたけの菌を接種して個別にパックする。そのため、除菌剤や農薬などを一切使わずに栽培が可能だ。自身もそれを使って栽培を行っており、市内外のしいたけ農家にも広く供給しているという。

　「菌床ブロックは収穫から逆算して準備を行います。発生させたくないときは低温で保存し、発生させたい時期の3〜4ヶ月前くらいから23〜25度くらいに保ちます。26度を過ぎると他の菌や病気がつきやすくなり、28度を過ぎてしまうと菌が死んでしまうこともあるので、温度管理は重要な課題です。近年は秋田も夏には猛暑が続き、私も外出先から近所の親戚に電話をして換気や散水の依頼をしたことも一度や二度ではありません。さすがに換気や散水だけでは温度管理が難しくなり、エアコンを導入しました」

　エアコンによる室温管理は手間がかからず楽ではあるが、当然ながら

● しいたけの菌糸発生の様子（林業研究研修センター）

電気代がかかる。できれば換気や散水で温度調整できれば望ましい。費用と手間とのバランスで見極めが必要だという。

　厳密な温度管理のもと、春から夏にかけて、しいたけ菌は培地にどんどん菌糸をのばしていく。培養初期は培地が白い菌糸で覆われて真っ白になり、3ヶ月目になって成熟してくると段々と茶色に変化してくるという。表面が濃い茶色になってきたら、パックの上部をカットして、あとはしいたけ発生のタイミングを待つばかりだ。

「いつでも発生できる状態で保存し、しいたけを発生させたいぎりぎりの時期までおいておくんです。私の場合は、稲刈りが終わる頃に第1回目の収穫を調整することが多いですね。実はこの発生操作の時期が一番温度管理が難しいところ。培養時期は温度を一定にキープすればよいので、大部分をエアコンに任せることもできますが、発生操作はちょっとコツが必要なんです」

　しいたけを発生させるには、日中の寒暖差ショックと水が"トリガー"になる。日中は23度くらいに保ちつつ、夜に温度を落として15度以下にして3日ほどすると発生が開始される。その後は室温が高すぎるとどんどん成長し、傘がひらいてきてしまうため、適温に保ちながら収穫をコントロールするというわけだ。ここでまた温度差が生じる

と刺激となって次々に生えてきてしまうので、温度を均一に保つことが肝心だ。

「温度差ショックのほかに、散水で水分を与える水ショック、とんとんと振動を与える打撲ショックなど、いろんなショックで発生が始まるといわれています。昔は山に雷が落ちると、きのこが大発生するといわれてきました。しいたけとして食べられる部分は子孫を残すためのものなので、刺激を受けて生命の危機を感じると発生するというメカニズムなのかもしれませんね」

収穫が一段落したら室温を 20 〜 23 度くらいに上げて休ませ、再び温度を下げて刺激を与えて発生させるというのを繰り返し、約 3 週間のスパンで何度も収穫していく。毎日朝晩の収穫で 1 日あたりの収量は 100kg を超える。鈴木氏の気合が一番入るのが、高額での取引が期待される年末年始に向けた収穫だ。12 月の初旬にショックを与えて発生を促し、じっくり育てて肉厚でおいしいしいたけを育て上げる。

「農業はなんでもそうですが、収穫の時になんとかしようと思っても無理なんです。その前にどのくらい手をかけたか、ちゃんと管理ができたかが大切。しいたけ栽培を始めたばかりの頃には培養時に温度を上げすぎて菌糸が弱って収量が減ったり、発生操作が上手くできずに一気に成長してしまって収穫の手が足りずに大騒ぎになったり、色々ありました。大量に発生したときは家族で協力してなんとか乗り越えましたが、1 年間トータルの収量自体は下がってしまうので、長期にわたって多く収穫するためにも細やかな温度管理が大切なんです」

後継者不足・海外産の脅威から 「秋田ブランド」を守るために

こうした鈴木氏ら生産者の努力もあって、しいたけは秋田県にとって重要な特産品としての地位を確立してきた。2015 年度の県内のきのこの生産額は年約 50 億円であり、そのうちしいたけが約 40 億円規模と最主力であり、さすがに米は別格ながら、畜産に次ぐ規模を誇る。行政でも「しいたけ三冠王政策」を掲げ、東京市場での「単価(品質)、生産量、生産額」の 3 つでトップを獲得するべく力を入れている。特に単価は日本一を誇り、「肉厚で味も香りも良い」と品質面で高い評価を受けてい

● 菌床のブロック

ることは間違いない。

　しかし、産業的には必ずしも順風満帆とはいかないようだ。これは、どの地域でも共通の悩みと言えるが、少子高齢化の影響を受けた仙北の農業の課題として「遊休農地の増加」や「担い手不足」などがある。これを改善するには、作業の効率化を図り、生産性を高められるような新たなビジネスモデルの構築および普及が不可欠と考えられる。つまり、人数が少なくても、高齢者や未経験者でも取り組むことができ、効率的に収量が上げられる「稼げる農業」の確立が求められているというわけだ。

　鈴木氏もこう言う。「うちの場合、息子が後を継いでくれましたが、後継者にはどこも苦労しているようです。確かに温度管理は難しく、経験が必要ですし、栽培を始めた頃の私のように失敗すると大損害となってしまいます。高品質なしいたけを安定して生産していくことが求められますが、冬は暖房、夏は冷房費がかかり、今のやり方のままでは利益を出せないという懸念があります。特に温度などの調整・管理のために頻繁に確認をする必要があるため休日が取りにくく、設備費もかかるので、なかなか若い世代の参入が難しいところがあります」

　そして、もう 1 つ。日本のしいたけ市場を脅かす存在が「海外産しいたけ」だ。安価な人件費のもと安価な商品が出回るようになっており、近年ではしいたけ栽培のもととなる菌床そのものも海外産が流通し、全体の 10% 近くを占めるまでになってきたという。

「法律が追いつかず、海外産の菌床なのに、育てたところが秋田なら秋田産となってしまうんです。秋田では県産の菌床に『どんぐりマーク』などをつけて、菌床そのものの安全性やブランドを訴求するようにしていますが、なかなか消費者にまでは伝わりにくいのが悩みですね。安全性とおいしさ、品質などを訴求し、しっかりと差別化できるような価値を提供していくことが求められています」

　また、日本のブランド菌を不正に入手して国外で栽培し、高品質な輸入しいたけとして国外で販売していたりするなど、さまざまなケースが

あるという。

「早く解決を望みたいところですが、そうと言っているだけでは変わりません。国産の、そして秋田のしいたけのブランド力を守るために、ますます均一で高品質なしいたけの生産が求められているのです」

　こうしたしいたけ生産者の悩みに自治体としても手をこまねいているわけではない。秋田県では米と畜産品の次に、大きな農産事業を地域をあげて活性化するべく、前述のように「秋田のしいたけ販売三冠王獲得事業」として、大々的な支援を行ってきた。すでに1位を獲得している単価と販売額に加え、出荷量でも1位をめざすため、菌床しいたけ発生施設（暖房設備を備えたビニールハウスや木造の簡易建物が一般に用いられる）などの規模拡大や、周年栽培をめざす空調設備の導入などを促す「生産施設等整備事業」などを行ってきた。1億円以上の販売額をめざす「しいたけ団地」の整備も行い、2018年には9事業主体が採択された。

　しかし、あくまでこれらは現在のしいたけ栽培の仕組みを踏襲するもの。大型化によって一定の収益向上が見込めるが、さらに革新的なビジネスモデルへの変革が求められる。

　そこで、仙北市では、これまで経験と勘によるところが大きかった農

● 菌床の培養の様子（林業研究研修センター）

業に IoT を導入し、新たな産業振興を図ることになった。具体的には、IoT 導入を行ってその成果を広く公開する、そして農業従事者が IoT を利用しやすい環境を整備し、安定栽培や省力化を実現して農業の活性化をめざしていく。

　この取り組みは、地銀の北都銀行を親会社にもち、人口減少高齢化の危機感をバネに東北一帯で地方創生事業に取り組むフィデア情報総研（旧フィデア総合研究所）を中心に担うこととなった。

　フィデア情報総研が仙北市や農事組合法人との窓口となり、プロジェクト管理を行う。そして、生産量や品質技術の相関分析を行う秋田県林業研修センター、IoT などの ICT 技術を持つ NTT 東日本秋田支店と農業 IoT ソリューション専門チームが連携し、それぞれの専門性を持ち寄ってオープンなチームによるプロジェクトとして遂行されることになった。

◉ 難しい・手間がかかる産業から 「稼げる産業」 をめざして

　仙北市による「農業 IoT 導入プログラム実証事業」で、テスト対象に選ばれたのが、アスパラガス生産者と菌床しいたけの農業法人 2 カ所。そのうち 1 つが、仙北サンマッシュの鈴木氏であり、仙北市の農林部から相談を受けたときは、二つ返事で引き受けたという。
「以前から、農業での ICT 活用が普通になる時代がまもなく到来すると思っていたので、『それ来た！』と思って引き受けました。自動化や遠隔操作までできるようになることを期待しつつ、まずは『温度状況の見える化』から引き受けました。一歩一歩着実にやるしかないと思っています」

　この事業では、ハウス内に温度・湿度・二酸化炭素の各センサー、そして土壌内に温度と水分量の各センサー、さらに定点カメラを設置し、データを Wi-Fi で取得してクラウドに上げ、離れたところにいてもスマートフォンやタブレットなどで確認できるようにした。温度上昇など異常を感知した場合には、スマートフォンへのアラート通知も可能だ。これまで自前の計測器に加え、人の目と体感で細やかに温度・湿度の管理を行ってきた鈴木氏にとって、温度センサーのデータ結果は大方「予

想通り」。しかし、「いつでもどこからでも、常にスマートフォンで見られることに安心した」という。

「やっぱりしいたけの様子はどこにいても気になるものですから。出張などで家族や親戚に管理を任せて現場を離れても、スマートフォンをときどきのぞいてはチェックしていましたね。カメラでアナログな温度計も見えていたので、しいたけの様子とともに見ていました。そして実は、当初は不要と思っていたアラートに助けられるという経験をしました。高温になったというアラートがスマートフォンに届いて、慌てて現地に行ったところ、ボイラーの温度制御の設定漏れに気が付いたんです。そのままでは菌が死んでしまって大損害となっていたところをあやうく避けることができました」

確かにエアコンも、ボイラーも機械制御だからといって絶対ということはない。もちろんセンサーの不具合ということもあるだろう。しかし、人手不足の中、複数の目で見守るようなつもりでIoTが活用できれば、それだけ安心感も高まる。

そして温度以上に、鈴木氏が新しい気づきを得たというのが二酸化炭素量の測定だ。きのこは生育過程で動物と同じように呼吸をする。植物

● IoTによるしいたけ菌床の遠隔監視のイメージ

と逆で、酸素を吸って二酸化炭素を吐いているのだ。このため、密閉性の高い施設内で栽培していると、呼吸によって排出された二酸化炭素の濃度が高まり、濃度が高くなり過ぎると菌糸の増殖が遅れ、その後の収量・品質に悪影響を与えると言われている。また、呼吸に伴い熱が発生し、活動が活発になればなるほど施設内の酸素が少なくなり、地温も上がる。そこで1日に1回は必ず換気をしているが、頻度として適正かどうかは分からなかったという。

「センサーで数値を計ることで、換気の適切なタイミングが分かるようになりました。さらに、データを分析して、もっと頻繁な方がよいのか、間を開けてもよいのか、推測できるようになればと思います」

　1日1回の換気作業と言っても、菌床に菌糸を培養している時期は稲作の繁忙期と重なるため、とても忙しい中で培養管理を意識し続けるのは負担となる。換気頻度が多い方が望ましいなら自動化もありうるが、費用対効果を考える必要が生じてくる。一方、二酸化炭素濃度または酸素濃度の閾値（しきいち）によってアラートが来るようにすれば人の手による管理も容易になる。当然ながら、作業効率だけでなく品質に影響する可能性も高い。

「今回の検証期間は、すでにしいたけが発生した状態から始めて3ヶ月間と限定的だったので、次は菌床に菌糸を培養している段階で酸素管理をした場合にどうなるのか、試してみたいですね。そして、やっぱり遠隔操作ができるようにしたいです。それができれば、購入したエアコンで空調管理もしやすくなるし、散水や窓の開閉などもできればかなり作業は楽になります」

　スマート農業は「見える化」「遠隔制御」「AI による自動化」と段階的に進んでいくが、今回はその第一歩である「見える化」を実現したことになる。今後は遠隔制御や自動化にも発展し、作業効率化により1人あたり収量も上がっていくことになる。

「IoT の導入で楽になることに加え、さまざまな品種改良や増産、経費削減あたりにも期待がもてます。品種改良といえば、実は農林試験場の協力の下、トンビマイタケなどしいたけ以上に市場価値の高い、新しいきのこの開発と安定栽培に向けて試行錯誤しています」

　しいたけのスマート農業化が進み、IoT を用いて生産環境を最適化するノウハウが蓄積すれば、新しいきのこの栽培をスムーズに事業化でき

● ハウス内でのトンビマイタケの栽培（林業研究研修センター）

るようになっていく。作業効率化など「簡単で手間のかからない、しいたけ栽培」だけでなく、鈴木氏のように手間を掛けてもすばらしいものを作りたいというベテラン生産者にとっても、IoT や ICT はさまざまな可能性を広げてくれるだろう。

◉ 職人技を次世代に引き継ぎ 地域の活性化に貢献

　鈴木氏は自らしいたけ栽培を行うだけでなく、地域の指導者的な立場で他の生産農家を巡回して管理指導を行っている。その観点から、IoTセンサーによるデータ取得をリアルタイムで活用するだけでなく、中長期的に蓄積したデータを分析し、最適な生育環境の可視化・数値化が実現することに大いに期待を寄せているという。
「これまでのしいたけ栽培農家は、培地の配合や温度の管理などを各自で工夫しており、そこにおもしろさがあったと思います。しかし、職人的な技はなかなか伝えにくいもの。また、たとえ創意工夫によっていいものができても、地域全体に浸透しなければ『ブランド』としては育ちません。そこで、IoT によるデータ化を通じ、これまでの職人技を数値

● 仙北市「農業 IoT 導入プログラム実証事業」の目的と課題

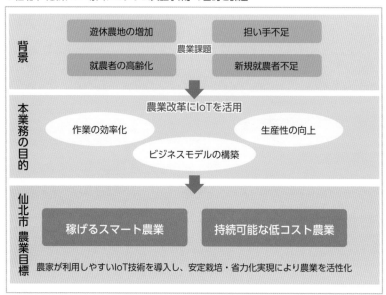

化し、それにもとづいてしいたけを育てることができるようになれば、品質としても均一なものが生産できるようになると思います」

　それが実現すれば、作業負担の軽減や収量増加だけでなく、燃料費等のコスト抑制にも効果が見込める。例えば、今回のアスパラガス生産者では、センサーデータを確認しながらハウス内の温度を調整することで灯油代を削減できたという。また、品質向上やブランド効果などもあいまって、実質的な売上増加や経費削減につながり、「稼げる農業」に大きく寄与すると思われる。すべて数値化、可視化されたデータが共有されれば、農業経験の浅い人や新規就農者も参入しやすくなり、農業の活性化・地域の活性化にもつながるだろう。

　スマート農業は国の成長戦略である Society 5.0（ソサエティ 5.0）の1事業とされており、現在さまざまな地域で取り組みが始まっている。今回の取り組みも対象者であったアスパラガス生産者、しいたけ生産者だけにとどまるものではない。実際、今回の施策に関わったプレイヤーが説明会に参加して実感を発表し、さまざまな農作物の生産者から期待の声があがり、それをきっかけに他農産物での IoT 活用へとつながっている。

　今回は生産現場の「可視化」を実現し、さらにそこで得たデータを分析する段階へと向かおうとしている。また、今回の事業で新しい発見や気づきも報告された。今後は「遠隔操作」や「自動化」を実現させ、他の農作物への展開も求められる。そして、少人数でも実現可能な生産性の高い新しい農業を確立させることができれば、仙北の街づくり、暮らしづくりに大きく寄与するだろう。のどかな田園風景の中、生産者が扱うツールが最先端の技術であり、その結果、豊かな収穫が得られる。そのような未来像を共有しつつ、今後はさらに地域への実装段階へと進むことになる。

※　文中に記載の組織名・所属・肩書き・取材内容などは、すべて 2019 年 8 月時点（インタビュー時点）のものです。

⊙ まとめ

背景と課題

　しいたけの菌床栽培を行う農家の多い仙北市では次のことが課題になっていた。

- 温度などの厳密な環境管理が欠かせない
- 少子高齢化の影響による人手不足
- 海外産のしいたけや菌床の流通による値崩れや日本産ブランドへの影響

取り組み内容

　スマートフォンやタブレットなどで外部からしいたけの様子を確認できる環境を作り、より細やかな管理とデータの蓄積を実現した。また、データの確認と蓄積を通じて、栽培上の新たな気づきや IoT の活用方法が発見された。

- 温度、湿度、二酸化炭素、水分量のセンサーおよび定点カメラの設置
- Wi-Fi 経由でデータをクラウドに上げて外部からの確認を可能にし、あわせて取得したデータから栽培者の経験知を数値で検証
- 異常を検知した場合のアラートメール通知

　データを踏まえて、ハウス内環境の遠隔監視・定期監視のほか、厳密な温度調整、菌床にショックを与えるタイミングの判断、二酸化炭素濃度の確認、ボイラー燃料の節約など、多くの有用性を確認した。

今後の展望

　遠隔制御や自動化でさらなる効率化をめざす。また、培養期を含むさまざまな検証項目の実証実験を行い、職人技を科学的に分析し、数値化により次代へ引き継ぎ、「稼げる農業」を実現していく。

豊かな自然、農業、文化を守る
人が少ないからこそ技術を活用

門脇 光浩 (かどわき みつひろ) 氏
秋田県仙北市 市長

—— 今回の農業 IoT 導入プログラムについて、市としての課題感や期待などについてお聞かせください。

門脇　急速な少子高齢化にともなう人材不足は日本全体の問題ではありますが、特に秋田、仙北市ではその傾向が切実です。2005 年の合併直後は約 3 万 2000 人だった人口が約 2 万 6000 人となり、高齢化比率も高く 40％を超えています。もはや都市部からの移転や定住を期待して人口を取り合うだけでは人材不足のまま地域サービスが行き渡らなくなり、正常な社会が成り立ちません。少なくなっている人口で「なんとかしなくてはならない」状況ならば、人がいなくても ICT などを活用して地域社会を持続できるよう、必死に取り組むほかないわけです。

　そうしたときに、2015 年に国家戦略特区（地方創生特区・近未来技術実証特区）の指定を受けたことが大きな起点になりました。それがあって地方版 IoT 推進ラボという概念に行き着き、IoT や ICT の活用に至りました。持続可能な地域づくりという目標がなければ、最新技術を投入しても恩恵を感じてもらうまでに至らない。つまり、人が少なくなっても住みたい人は住み続けることが可能な街を作る準備をしているというスタンスで、コンパクトシティの実現をめざそうとしているわけです。今回の取り組みも、その一環であるという認識です。

—— 農業にフォーカスし、自治体としてスマート農業を推進するのはどのような理由からでしょうか。

門脇　地域に住み続ける理由として、やはり先人たちが切り拓いたさまざまな知恵や経験がその土地にあるからというのは大きいと思います。先人からもらってきたものをいかに次の世代に引き継いでいくか。それを考えながら、しっかりデータ化して財産としていかなければ、郷土の存続・繁栄はないでしょう。その意味で、農林業は仙北の基幹産業であり、観光産業など他の産業の発展にも密接に関わっています。

　仙北を訪れる人は年間 500 万人にもなります。それも神様からいただいたとも言える豊かな自然、それを生かして先人が作り上げた文化や産業があるからと言えるでしょう。そして、来訪者が仙北で行う消費活動が仙北の力となるためには、過去の財産を守るだけでなく、私たちもまた何かを提供する必要があります。「小さな国際文化都市をめざす」という目標を掲げて、世界基準で豊かな街にしていく。それは決して世界に打って出るというのではなく、身の回りの産業や暮らしの中にあるものを大切にし、継続させていくことであり、結果としてそれが外部からも評価されるようになると確信しています。そして、農林業はその起点となるものの 1 つだと考えています。

　文化や産業を継続し、守り続けていくためには、人が少ない地域では一人二役も三役も担う必要があります。人が少ないからこそ、技術を活用して補い、継続し、豊かさにつなげていく。そこに技術の本当の価値があると考えています。

—— 行政が街づくりを牽引するためには、市民の皆さんの理解が必要
　　ですね。

門脇　まさに市民の理解は不可欠ですね。その理解を得るためには、「特
区になったメリットは？」「スマート化で何がよくなるの？」という声
に目に見える形で応えていく必要があります。しかしながら、スマート
シティの実現は一朝一夕にかなうものではなく、まさに市全体が一丸と
なって取り組んでいくことが求められます。この循環の動力こそ、私は
「未来の仙北を信じること」にあると考えています。

　だからこそ、今回の事業はいいきっかけになると感じています。例え
ば、最新技術を使って作業が楽になった、良い作物ができたという実感
は、次のコンセンサスにもつながりやすいのです。かつては高度なテク
ニックが必要な小型ヘリコプターで行っていた作業を簡単にドローンで
実行できる。それが分かれば、案外実装できる技術であるという認識に
変わります。また、そうした認識ができれば、たとえそれが自分たちの
利益に今すぐ直接つながらなくても、例えば年配者がやり甲斐をもって
働けたり、若い人たちの参入意欲を高めたりできると感じられる。これ
が、ゆくゆくは地域の、そして自分たちの未来のためになるという認識
へとつながっていくでしょう。そうした取り組みに対する共感、そして
仙北に住み続ける価値の共感を、行政と市民は手を携えて考えていく必
要があります。

—— 今回の取り組みでは、どのようにして対象者や品目などが決定さ
　　れたのでしょうか。

小田野　重要な特産品のしいたけとアスパラガスを選びました。対象者
としては、やはり新しい技術に関心のある方が望ましいということで、
個人的にも農業 IoT に取り組まれていること、実際に効果が得られる
一定規模があることなどを鑑みて、しいたけ生産者 2 名、そしてアスパ
ラガス生産者 1 名にご協力をいただいた次第です。

—— 今回の取り組みの成果について、どのように評価されていますか。

小田野　今回の取り組みは、多くの方に IoT が「本当に使える」「役に

立つ」という実感を得てもらうこと
が目的でした。実際、今回参加して
いただいた方からは、スマートフォ
ンで手軽に管理状況が見られること
などを「身の丈にあった IoT」とし
て実感していただけましたし、その
延長線上で「センサーデータを確認
しながらハウス内の温度調整をする
など、遠隔での簡単な操作をした
い」といった要望も出ています。仙
北の基幹産業は農業で、市民の多く
がなんらかの形で農業と関係してい
ることが多いので、スマート農業を
起点に ICT が生活に役に立ち、ス

小田野 直光 (おだの なおてる) 氏
秋田県仙北市
総務部 地方創生・総合戦略統括監

マート化が進むことを知っていただくのに有効だったと思います。

—— 今後はどのように展開していく予定ですか。

小田野　実装に向けて課題となるのは、仙北はスマート農業の費用対効
果が高い大規模農業が少なく、家族経営での小規模農業がほとんどであ
るということです。小規模農業でも効果が得られる活用のあり方や導入
経費についても考える必要があります。
　今後は「実証から実装へ」と進めるために、実装のアイデアをまとめ
たいと考えています。実証だけで終わっては意味がありません。実証か
ら実装に移るために、何がボトルネックになっているのか、どうしたら
解決できるのか。そうした議論と実装準備に取り組んでいきたいと考え
ています。

インタビュー

しいたけ栽培のノウハウを数値化し 負担軽減や自動化の実現へ

菅原 冬樹 (すがわら ふゆき) 氏
秋田県林業研究研修センター 資源利用部 部長

—— 仙北市のしいたけ栽培における「農業IoT導入プログラム」で秋田県林業研究研修センターが生産量や品質技術の相関分析を行うなど、事業連携を図られたと伺っています。改めてどのような役割を担う施設なのかご紹介ください。

他県で言えば林業試験場に該当し、秋田県の林業に関する技術開発・研修に取り組み、近年では秋田林業大学校を開設しさまざまな知識・知見の伝搬も担うようになりました。特に私の所属する資源利用部は、山林からとれるもので木材以外の"特用林産物"と呼ばれる山菜や炭、栗などについて担当し、きのこも含みます。林木の育種も担当し、秋田杉の種はほぼここ出身なんですよ。

　山の多い秋田県では、しいたけを含め、きのこ類は重要な生産品であり、ここでもさまざまな研究がなされています。しかし、残念ながら必ずしも"儲かる産業"とは言えません。秋田はお米を中心とした複合経営がほとんどで、しいたけは冬場の「出稼ぎ対策」として捉えられてきたことから、採算性がそこまで重視されてこなかったこともあるのでしょう。それに、これまでデータ化する手段もなく検証・改善する機会がありませんでした。そこで今回の事業とその分析によって「しいたけに最適な栽培環境」を把握し、そのコントロールが容易に可能とする方法を考察することで、高品質なしいたけを手間やコストをかけずに生産する方法を探ろうとしているわけです。まずは環境の数値の「見える化」を進め、その上で上手くコントロールすること、さらには管理を効率化することが大切と考えています。

―― 具体的には、温度・湿度・二酸化炭素のデータ取得と見える化ということですが、それによって、どのようにして生産効率性を上げるのでしょうか。

　例えば、1つは「人間の都合に合わせてしいたけをコントロールすること」でしょう。しいたけの発生操作を行い、他の作業との兼ね合いを見ながらちょうどよいタイミングで発生させるわけです。経験的に1回目の発生操作が上手くいかないとその後に発生不良が継続してしまうので、慎重に行う必要があります。この精度を高めつつ、コントロールが自動化されれば、より効率を上げることができます。また世間では働き方改革などといわれていますが、しいたけ生産者は休みが取りにくいという現状があります。温度などで生産をコントロールすることで集中して作業を行い、効率アップと就労環境改善を行うというわけです。

　そしてもう1つは「高品質のしいたけをより多く収穫するために最適な環境を追求すること」です。温度や湿度などはもちろん、しいたけの栽培には酸素や二酸化炭素の濃度なども大きく影響することが分かっています。それをどうやって管理すれば最適な状況を作り出せるのか。体験的に得られている知見を数値化し、可視化して再現可能なものにしようとしているわけです。例えば、しいたけは成長するためには呼吸をして酸素を消費しますが、吐き出された二酸化炭素が袋の中の低いところ

に溜まってしまうと呼吸を阻害することがあります。そうならないようにするためには、実は空気の流れが大切だということが近年の研究で分かってきました。そうしたことを一つ一つ科学的に明らかにして、可視化し、最適値を見出し、自動化していく。生産性の向上については、そうした細やかな仮説と実証の積み上げが重要だと思っています。

—— 今回の事業からどのようなことが分かりましたか。また、今後はどのような取り組みを行われる予定ですか。

　まず今回の事業では、温度センサーでハウス内の温度変化を計測し、IoTカメラでしいたけの発生と成長の様子を撮影し、得られたデータから相互の関連を注意深く観察しました。その結果、休養期間の重要性が科学的に明らかになりました。しいたけは3週間のサイクルで、発生・収穫・休養を繰り返します。一度温度を下げると刺激となって発生が始まりますが、じっくりと成長させるために低めの温度管理をすることが多いのです。収穫まではそれでもいいのですが、ずっと発生し続けるというのはしいたけにとってはマラソンで走り続けることと同じで、バテてしまうんですね。そこで、20〜22度くらいまで温度を上げることで、もう一度内部に菌糸が育ちやすくなり、再びしいたけが元気に発生しやすくなることが分かりました。生産者の皆さんは経験としてご存知のことと思いますが、それが数値でも実証され、再現できたのは良かったと思います。

　ただ、今回は培養期のデータがまったく得られていないので、その時期の温度管理としいたけの発生状況や品質、収量などとの関係性が検証できませんでした。今後は年間を通じての検証を実現したいと思います。

　また、ほかにも培地の内部の温度と二酸化炭素の関係性や、外部と内部の温度差など、検証したい項目があります。

—— 今後、しいたけのスマート農業についてどのような展望をお持ちなのでしょうか。

　今回は、これまで生産者が自身で工夫して、しいたけ発生に必要となる寒暖差のショックが実際は何度の幅で発生するのか、二酸化炭素の濃

度はどの程度まで許容できるのかなど、さまざまな仮説のもとで環境管理をされていたことが数値的にもしっかりと分かり、私たちにとっても大きな刺激になりました。これまでの豊富な経験をもとに細やかな環境管理を行い、それが品質や収量に結び付いている。それが積み重なって「秋田のしいたけは品質がいい」というブランドイメージを確立させてきたのでしょう。それは、大変すばらしいことなのですが、同じことを参入したばかりの方が実践しようとしてもかなり難しいことは明らかです。さらに現状ではこまめな管理が必要で、人件費や光熱費、機材の減価償却まで考えると負担も大きい。そこで林業研究研修センターとしては、知識と経験が豊富な生産者の知見を反映し、しっかりと数字で表せるようなお手本として提供し、さらに ICT の手を借りながら遠隔操作や自動化ができるところまで進めていきたいと思っています。

　しいたけの市場は日本で 2000 億円ほどなのですが、海外からの安価なしいたけに押されているという現状があります。こうしたノウハウや生産方法が共有され、秋田だけでなく、全国で活用できるようになれば、日本産しいたけの競争力向上にも一役買うことができるでしょう。

　現在の目標は令和 5 年までの 5 年間で一定の栽培ノウハウを確立させることです。ハウスの大きさやエアコンの有無など、栽培環境がバラバラなので、現在の 2 カ所に加えて 3 カ所の生産者とともに、データを取得して分析を行っていく予定です。

「稼げるスマート農業」へ可能性実感
地域産業の拡大と持続化へ

小松 弘之 (こまつ ひろゆき) 氏
株式会社フィデア情報総研 執行役員

—— フィデア情報総研が今回の農業 IoT 導入プログラムの企画・運営
　　を行ったと伺います。その経緯や御社の役割についてお聞かせく
　　ださい。

　フィデア情報総研は、山形県の荘内銀行と秋田県の北都銀行共通のグ
ループ企業として、地域経済の分析・調査を行い、東北地区において地
方創生のためのさまざまな取り組みを進めています。近年はシンクタン
クとしての機能だけでなく、企画・立案した取り組みの実行パートナー
としてさまざまな技術を持つ事業者と連携を図り、コンサルタントとし
て事業支援にも伴走しています。

　中でも仙北市は国家戦略特区や SDGs 未来都市など、新しい地域づく

りに積極的に取り組んでいる地域で、フィデア情報総研ではさまざまな取り組みをお手伝いしてきた経緯がありました。そんな中で、仙北市の地方創生・総合戦略室の皆さんと観光や福祉などさまざまな業界の課題や解決策を議論していくうちに、第一次産業の課題である人材不足や生産性向上などの解決策として有望視される「スマート農業」の実践が課題として上がってきたわけです。そこで IoT などの技術力を持ち、地元をよくご存知の NTT 東日本に実行役として協力を依頼したという次第です。

—— 実際に事業を行うにあたり、どのように進められたのですか。

仙北市が主体となって農業 IoT に関する説明会を開催したことで、仙北市農業の課題でもある「担い手不足」を解決する方策として IoT 技術や通信技術などを駆使した「スマート農業」について理解が深まり、地域としても意欲的に取り組む土壌ができたのではないかと思っています。また実際の取り組みについては NTT 東日本の協力を得てスムーズに進み、大変心強く思いました。参加した生産者からは、将来に向けた「稼げるスマート農業」や「持続可能な低コスト農業」といった目標実現への可能性を実感してもらい、さらに積極的に展開していく機運が高まりつつあります。

—— 成果についてはどのように評価されていますか。

県としてはさまざまな取り組みが進んでいますが、市では早い方だと認識しています。それゆえ実証を行ったことで、取り組むべき課題が明確化されたというところでしょうか。

実際に説明会や実証報告では、農業に従事する若手が増えてきていて、大変反応がよく、将来の農業の担い手として活躍いただけるとの期待が高まりました。確かに高齢者にはなかなかスマート農業を受け入れていただくのは難しいかもしれません。しかし、その優れたノウハウを次世代に伝えていく方法として ICT があり、この取り組みによって、年齢を超えたコミュニケーションを創出できると感じられました。また、今回の事業前の調査で、遊休農地が増える一方で集積する動きもあり、農業の大規模化が進んでいることも感じられ、そこに IoT などの

ビジネスマーケットの可能性があることも実感しました。

　地域の産業創出と産業振興が持続的になされなければ、自分たちは生き残れないと考えています。

　今回の農業 IoT の取り組みはそういう切実な思いで取り組んでいます。これからも、稼げる農業に向けて地域との連携を強くして推進していきたいと考えています。

第 **9** 章

海老名市・最新型豚舎での
温湿度・映像データ活用

養豚業務を大幅効率化
IoTで飼育環境をリモート管理

- **一般社団法人神奈川県養豚協会**
- **神奈川県畜産技術センター**

神奈川県海老名市

　神奈川県は養豚の盛んな地域だが、都市部に近い生産地では環境問題、特に豚舎の臭気問題を抱えていた。また、養豚業者の高齢化による労働力不足という課題もある。養豚業者で構成される一般社団法人神奈川県養豚協会（以下、養豚協会）は、神奈川県畜産技術センター、NTT東日本と連携し、臭気対策を施した最新型のウインドレス豚舎の竣工を機に、IoTを活用した生産性向上などに向けた取り組みを開始した。

● 幕末から養豚業が始まった神奈川県

　とんかつや生姜焼き、豚汁、角煮……。食卓を賑わすこれらの人気料理の主役食材が豚肉だ。豚肉が一般的に食べられるようになったのは明治維新以降といわれている。それより少し前の開国の頃より、日本では近代養豚が始まった。特に神奈川県では、開港した横浜港近くの居留地に外国人がたくさん住んでいることから、その外国人向けに養豚が盛んになったといわれている。

　神奈川県の中でも養豚が盛んだったのは、旧高座郡と呼ばれる地域。現在の高座郡寒川町、綾瀬市、海老名市、相模原市、座間市、茅ヶ崎市、藤沢市、大和市などである。この地域の土地は火山灰土だったため、畑作が中心で、なかでもサツマイモの栽培に適し、盛んだった。そのためサツマイモのつるやくず芋などの残渣が出てくる。明治中期以降は、富国強兵の一環として畜産業が推奨されていたことから、その残渣を飼料として活用するべく、養豚が行われるようになったといわれる。この旧高座郡で生産された豚は、「高座豚」と呼ばれ、現在でも神奈川県のブランド豚として「かながわの名産100選」にもなっている。

　神奈川県のブランド豚は高座豚だけではない。「やまゆりポーク」「かながわ夢ポーク」「はまぽーく」「あつぎ豚」など、さまざまなブランド豚が飼養されている。

　このように首都圏の中でも養豚が盛んな神奈川県だが、近年、養豚生産者の数は減少している。農林水産省の畜産統計（2018年）によると、1975年には神奈川県の養豚飼養戸数は2640戸。それから40年後の2018年には51戸。「この40年の間に養豚飼養戸数は約50分の1になったということです」と養豚協会常務理事の前田卓也氏は話す。

　これは神奈川県に限った話ではない。日本全体の傾向でもある。畜産統計によると、国内の養豚飼養戸数は1991年の3万6000戸から、2019年には4320戸へと減少している。特に都市部で、その傾向が強いという。

　だからといって、スーパーなどで売られている豚肉の価格が急騰したということはない。実は養豚生産者数が減っているのに反して、1戸あたりの養豚生産者が飼養する豚の頭数が増えているのだ。「神奈川県だと、小さな生産者で200〜300頭、大規模な生産者だと5000頭飼養しています。特に1000頭以上飼養する生産者が増えています」（前田氏）

　養豚生産者数は減少しているが、豚の生産量自体はそれほど変わって
おらず、価格も維持されているというわけだ。

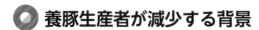

養豚生産者が減少する背景

　ではなぜ、これほどまでに養豚生産者が減少しているのか。その背景
にあるのが、少子高齢化による労働力不足と環境問題だという。特に都
市部に近い生産地では、後者の環境問題、中でも臭気問題が生産者が減
少する一つの要因となっている。「目隠しフェンスを使えば、豚舎を隠
すことはできます。ですが臭いや音は隠しようがありません。臭気を消
さなければ規模拡大もできません。私たち生産者の中で、臭気対策は一
番の課題になっています」（前田氏）

　臭気の元はふん（糞）由来の低級脂肪酸と尿由来のアンモニアである。
しかも尿がふんと結びつくことで、アンモニアの発生が高まり、臭気が
強くなる。臭気を抑制するには、できるだけ早くふん尿を分離し、豚舎
から搬出することが求められる。

　もちろん、臭気については生産者も対策を施しており、豚舎も改良
が行われてきた。豚の飼養が始まった当初は、飼養頭数も少なかった
ため、既設の納屋の壁に寄せかけて増築する差し掛け小屋のようなもの
だったという。しかし頭数が増え、大規模な生産が始まった1960年代
に導入されたのが、デンマーク式豚舎である。デンマーク式は、寝る場
所と排ふんする場所を分けるという豚の習性を利用した豚舎だ。

　その後、アメリカ式豚舎が導入された。この豚舎はコンクリートの床
面がすのこ状になっているのが特徴で、ふん尿を床から下に落とすつく
りとなっている。

　この2つの豚舎では、ふんと尿を豚の寝る場所から分離するような改
善が行われているが、清掃がカギになる。そこでコンクリートの床面に
オガクズを敷いた豚舎もある。それがオガクズ豚舎で、ふん尿をオガク
ズに吸着させることで、臭気を抑え、かつふん尿処理作業を省力化する
効果を狙っている。

　だが、日本の豚舎のほとんどは開放型といわれる豚舎。カーテン豚舎
とも呼ばれ、カーテンの開閉と換気扇などで温度調節を行う。密閉され
ていないため、いくら臭気対策をしても、ゼロにはできない。そこで注

目されたのが、ウインドレス豚舎と脱臭施設で構成された環境制御型養豚施設である。

「神奈川県内ではまだまだウインドレス豚舎を採用している養豚生産者は少ない」、こう語るのは、神奈川県畜産技術センター企画指導部 企画研究課 主任研究員の高田陽氏である。

神奈川県畜産技術センターは、新鮮で安全・安心な畜産物の安定供給と地産地消を推進するための試験研究、研究成果や高度技術の普及指導、畜産の担い手の育成などを行っている県の研究機関だ。豚の系統造成も行っており、ブランド豚「かながわ夢ポーク」は、系統豚「カナガワヨーク」及び「ユメカナエル」を活用した雌豚を母豚として生産されている。

🔘 臭気対策を取り入れたウインドレス豚舎

臭気問題を解決しなければ、神奈川県の養豚生産者がさらに減ってしまい、ブランド豚の衰退にもつながるかもしれない。そこで畜産技術センターでは効率的かつ環境に配慮した養豚システムを確立して農家に普及させることで、神奈川発の安全・安心な豚肉の供給力強化、養豚業の活性化を図ることを目的に、2018年12月、環境制御型養豚施設を同センターの豚産肉能力検定所敷地内に竣工し、養豚協会と協力して臭気対策試験を行うことにしたのである。畜産技術センターが新設したウインドレス豚舎は最大250頭の豚を飼養できる。

同施設の特徴のひとつは、「豚に優しい空調システムを採用していること」と高田氏は言う。通常のウインドレスの豚舎の場合、豚舎内の空気を豚のいる豚房上を通して排気するため、豚房間で風上と風下ができてしまう。だが、この豚舎では入気は軒下から天井裏に引き込まれる。そして、天井の給気口から豚舎中央部通路に落ちてからそれぞれの豚舎に入る。したがって風上や風下という豚房間の差ができない構造になっているのだ。しかも常に豚に清潔な環境を提供できるよう、床はすのこが敷かれており、ふん尿は床下（ふん尿ピット）に落ちるようになっている。

そしてもう一つの特徴が「新しい微生物脱臭システム」の採用である。豚舎内の空気をふん尿ピットを通して排気ファンで引き抜き、脱臭装

● ウインドレス豚舎。建物と3個の飼料タンクとの間に大きな脱臭空調装置が見える

　置に送る。さらに脱臭装置に送られた空気は、スプレー水で粉じんを除去し、微生物のすみかとなっているハニカム構造のプラスチックフィルターを通して脱臭した上で排気されるという仕組みとなっているのだ。「この脱臭システムはドイツではすでに10年以上前から普及しています。散水ノズルは定期的な清掃が必要ですが、フィルターは目が粗くつまりにくいためほぼメンテナンスフリーです」（高田氏）

　新設されたウインドレス豚舎に、2019年3月から豚を飼い始め、臭気対策試験を開始。取材した2019年12月で、130頭の豚を肥育している。そしてその管理・運営を任されているのが前田氏である。

豚舎の見回りに時間が取られる

　この施設での取り組みがうまくいけば、養豚生産者が抱える臭気という環境問題に対する一つの回答が得られる。だが、もう一つ、労働力不足という問題は解決しない。ここから、そこを見ていこう。

　養豚生産者と一口に言っても、経営形態によって大きく3つに分類できる。第1は子取り経営。繁殖豚を飼育、交配させて子豚を産ませ、そ

の子豚を市場に出す経営形態だ。第2は肥育経営。子豚を市場から購入し、肥育し、食用として出荷する経営形態だ。第3は一貫経営。雌豚を飼育・交配して子豚を産ませ、その子豚を肥育し、市場に出す経営だ。つまり1の子取り経営と2の肥育経営を一貫して行う経営形態である。現在の生産者の大半が、この一貫経営を採用しているという。

今回のこの施設で飼養されている豚は、畜産技術センターで生産した豚を養豚協会に販売したもの。この施設で養豚協会が飼育し、県内の生産者に系統造成豚として配布されるという。

豚の飼養で大事になるのが、豚舎の環境管理だという。特に豚の体調に影響する温湿度管理は、季節や時間により変動する。その上、豚の発育ステージによっても最適な環境が異なるという。豚の体調管理をするため、養豚生産者はきめ細やかな調節を行う。「夏場であれば朝、昼、夕方と1日3回、冬場でも朝と夕方など最低2回は豚の様子と温湿度を確認しに行きます」と前田氏は語る。

だが、豚舎への人の出入りが増えると、疾病被害のリスクも高まる。例えば最近、日本各地で野生イノシシにおけるCSF（豚熱）感染が拡大しており、豚舎においても被害が出ている。「病原体は人間の靴や服、手、また車のタイヤなどに付いてきます。感染のリスクを低減するには、なるべく人間が豚舎に入らないようにすることなのです」（前田氏）

疾病リスクを下げるため、前田氏は豚舎に入るとき2回着替えるという。通常、前田氏は養豚協会の事務所にいる。養豚協会の事務所は、畜産技術センターの敷地と隣接しており、管理しているウインドレス豚舎までは徒歩5分ぐらいの距離。だが、事務所から豚舎の敷地に行って着替え、豚舎の出入口でまた着替える。さらに、豚舎での作業後にも豚舎を出るときに着替え、敷地を出るときにはまた着替える。「見回りする回数が減ると、疾病リスクを下げられることに加え、私たち生産者の作業の負担もかなり減らすことができます」（前田氏）

◉ 豚の飼養環境を見える化する仕組みを導入

近年、農業分野へのICTやIoT導入は進んでいる。だが、養豚など畜産の分野ではあまり進んでいないのが現状だ。

農業分野へのICT、IoT導入を推進しているNTT東日本では、畜産

業でもニーズはあると考え、神奈川県をはじめとする自治体や養豚協会などにヒアリングを行っていたという。そんな中で神奈川県の養豚生産者が疾病リスクの低減や省力化という課題を抱えていることを知ったという。

「NTT東日本の担当者からはさまざまな提案を受けました。その中から既存豚舎に大きなコストをかけることなく容易に導入できる農業用温湿度センサーとネットワークカメラ、クラウドから成る仕組みを選定し、取り組みを行うことにしました」（高田氏）

　豚舎内に温湿度センサーとネットワークカメラを設置し、それらのデータを遠隔地から確認できるようクラウドに蓄積。データ量の小さな温湿度データは小電力で電波のカバー範囲が広いLPWAを採用、ネットワークカメラはデータ量の大きな映像データを飛ばすので、映像伝送に対応できるWi-Fiを採用している。取得した温湿度データや豚舎の映像は、スマートフォンやパソコンでいつでも好きなときに確認できるようになった。

　取材したのは2019年12月。温湿度センサー、ネットワークカメラを導入してまだ半年経っていなかったが、「すでに効果を感じている」と前田氏、高田氏は口を揃える。

　「スマホでもパソコンでも、豚のリアルタイムの様子を確認できるのがとても便利です」と前田氏。今まで毎日朝、昼、夕方と3回、豚の様子を見に行っていたのを、今では朝と昼の2回に減らし、夕方はカメラで確認しているという。設置したネットワークカメラは360度回転、パン（カメラを左右に振ること）、チルト（カメラを上下に振ること）、ズームなどに対応し広範囲を撮影できるタイプ。もちろん遠隔から操作も可能だ。「カメラで十分豚の様子を確認できるので見回りに行く回数を減らすことができました。1回でも回数を減らすことができれば、他の仕事をする時間が増え、生産性も上がります。省力化につながることが確認できました」と前田氏は語る。

　この豚舎でも、現在は10頭程度の群単位で飼育管理をしているため、通常の広角固定カメラでは個体の識別は困難だ。しかし、今回導入したネットワークカメラには首振りとズーム機能がついており、このズーム機能を利用すれば、豚の耳に付いている番号も一つ一つ確認できるという。「うまくカメラを活用すれば、個体での健康も確認できるようにな

● 豚舎内の様子。カメラや温湿度センサーが見える

るかもしれません」と前田氏。

　一方の高田氏は「温湿度のデータを収集するため、現場に行く必要がなくなり、いつでもリアルタイムの状況をスマートフォンで確認できるようになった。グラフ加工も容易にできるので非常に便利ですね」と満足そうに語る。

最適な飼養環境の見極めに活用

　IoTによる飼養環境の見える化を開始したのは、1年で最も暑くなる8月。この時期の豚舎の目標設定温度は27度だが、当然、外気温が高いので、この設定温度よりも高くなる。豚は汗腺を持っていないため、暑さにストレスを感じやすい。バテると、えさを食べなくなるという。豚の健康を維持するためには、温湿度管理は非常に重要になる。

　豚舎は冷暖房が設置されているわけではないため、室温は換気量を増減することで調整する。豚舎内の温度が上がれば、豚舎に設置されている4台の換気扇をフル回転し、換気量を増やすという方法を採る。こまめに温湿度を確認することはもちろん、温湿度センサーに付いているアラーム機能も活用。36度以上になるとアラームをメールで送信する

● ネットワークカメラの映像をスマートフォンから確認

設定になっている。「アラームが鳴ることはほとんどなかった」と高田氏は話す。だが、本来この豚舎は 250 頭用。実際にはそれよりも少ない頭数しか飼われていないため、250 頭限界まで入れると豚舎の温度も変わってくる。その際の暑さ対策として、「豚舎内に細霧システム（細かな霧を噴射する装置）を設置して気化熱により温度を下げることも必要かもしれません」と高田氏は付け加える。

　温度管理の重要性は夏場だけではない。冬も温度が下がりすぎると、豚は体力の消耗により、肥育効率が悪くなる。さらに冷えすぎるとお腹を壊してしまうという。「この豚舎には十分、断熱材が入っているので、朝は外気温が 5 度を下回るときもありますが、今のところ、豚舎内の温度は 10 〜 15 度を保っています。今回の仕組みを入れたことで、夜間や早朝の豚舎内温度も確認しやすくなると期待しています」（高田氏）

　温湿度センサーやネットワークカメラは、リアルタイムの飼養環境の確認に役立つだけではない。取得したデータはすべてクラウドで蓄積される。例えばある豚がお腹を壊したとしても、この仕組みを使えば、過去の温湿度と映像データを遡ることができる。つまり気温が何度の日が何日続けば、豚はお腹を壊しやすくなるということが把握できる可能性がある。

　ただ、この豚舎では冬場の温度も換気の量で調整するしかない。換気量を減らすと室温は下がらないが、空気中のアンモニア濃度が上がるの

● 豚は群れで飼育しているため、室温とともに換気も重要な要素

で臭気が強くなり、空気も淀む。「アンモニアは呼吸器障害の原因になるため、換気不足にならないように冬季の目標温度を何度に設定すれば良いか、これから検証していきたい」と高田氏は言う。

当初、温湿度センサー、ネットワークカメラとも農業用のため、「豚舎という過酷な環境でも本当に活用できるのか多少不安はあった」と高田氏は言う。豚舎の中は粉じんが舞い、ふん尿からは腐食性のガスが発生する。豚舎の清掃消毒には薬品も使う。そんな状況でも、今のところ問題なく正常に稼働している。

だが、「最初はちょっとしたトラブルもあった」と前田氏は笑顔を見せる。現在、ネットワークカメラは豚舎の床から150cm の高さに設置されているが、当初は豚房の仕切りである柵（高さ約90cm）に取り付けた。すると「豚がカメラをおしゃぶりしてしまったんです」と前田氏。豚は好奇心旺盛。そこでカメラが気になったのか、1匹の豚の背中の上に他の豚が乗り、それでカメラをおしゃぶりしてしまったのだという。「予期していない行動でした」と前田氏は続ける。だが、トラブルはそれだけ。あとは順調に活用が進んでいる。

アイデア次第で活用の幅は拡がる

　養豚の肥育ステージでも IoT 活用は十分効果が出ることが分かった。前田氏は「養豚の他のステージでは、また異なった活用、効果が確認できます」と期待を込める。例えば繁殖豚舎であれば、「豚の発情期を見極めたり、分娩が近そうな豚を見つけたり、さまざまな場面で活用できると思う」と前田氏は言う。また繁殖豚舎では、生まれたての子豚が、母豚につぶされていないか、夜間に見回りに行くのが通常の作業。「夜間に働きたいという人はいないと思うんです。しかも豚舎に行くと、臭いが付くので、シャワーを浴びないと帰れません。ですが、ネットワークカメラがあれば、夜間、見回りに行かなくても、子豚が無事かどうか確認できます。こういう点では従業員の雇用がしやすくなると思います」（前田氏）

　つまり IoT を活用することは、養豚生産者の働き方の改革につながるというのである。

　前田氏は、「5 年先を考えれば、IoT の活用はきっと当たり前になる。パソコンやスマートフォンに明るい人であれば、アイデア次第で活用の

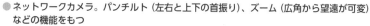
●ネットワークカメラ。パンチルト（左右と上下の首振り）、ズーム（広角から望遠が可変）などの機能をもつ

●IoT による飼育環境データの収集と豚舎の遠隔監視イメージ

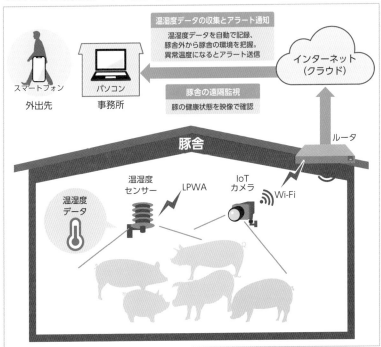

幅を拡げることができます。ぜひ、導入して、活用の可能性を探って欲しいと思います」とエールを送る。

　臭気対策としてのウインドレス豚舎、豚を効率的かつ最適に管理するための IoT 活用は、神奈川の歴史ある養豚業を未来につなげていくカギとなるソリューションといえるだろう。

※　文中に記載の組織名・所属・肩書き・取材内容などは、すべて 2019 年 12 月時点 (インタビュー時点) のものです。

まとめ

背景と課題

　都市部に近い養豚生産者は臭気などの環境の問題と高齢化による労働不足という課題を抱えている。臭気対策のウインドレス豚舎の導入を契機に飼育作業の効率化、省力化をはかり生産性を向上したい。

取り組み内容

　臭気対策を施したウインドレス豚舎に、IoT ソリューションを導入することで、豚舎内への人の出入り回数を減らし、疾病リスクの低減や省力化を実現する。

- 温湿度センサーとネットワークカメラで豚舎の様子を遠隔確認
- 温湿度センサーからは LPWA で、ネットワークカメラからは Wi-Fi でデータを送り、クラウド経由でスマートフォンやパソコンから確認できるようにする

今後の展望

　肥育ステージ以外でも IoT の活用を検討。また、クラウドに蓄積された温湿度のデータなどを活用し、豚にとってより快適な環境を検証していく。

環境問題と人手不足を解決する
飼育を確立したい

前田 卓也 (まえだ たくや) 氏
一般社団法人 神奈川県養豚協会
常務理事 獣医師

―― 豚の飼育における IoT の活用に取り組むことになった背景について教えてください。

前田　日本国内の養豚生産者が減少傾向にあります。その背景にあるのが環境問題。特に首都圏に近い神奈川県においては、環境問題の中でも臭気問題が解決できずに、生産者が減っていく傾向にありました。その一方で、1戸あたりの豚を飼養する頭数は増えています。今後、歴史ある神奈川の養豚業を守るためにも、効率的かつ環境に配慮した養豚システムを確立することが求められていたのです。そこで県と相談し、都市の中で環境に配慮した効率的な生産体制を構築するための取り組みを行

うことになりました。

高田　私たちは畜産技術センターの豚産肉能力検定所敷地内に、豚に優しい空調システムと微生物を応用した脱臭システムを装備した新しいウインドレス豚舎を設置し、2019 年 3 月より豚を入れ、肥育を始めました。これらの先進的技術により臭気問題は解決できるかもしれません。

高田 陽 (たかだ あきら) 氏
神奈川県畜産技術センター 企画指導部
企画研究課 主任研究員

　ですが、もう一つの課題は、人手不足を解消できる効率的な生産体制の確立です。そんな問題を抱えているとき、NTT 東日本の担当者より、農業に活用している IoT ソリューションを紹介されたのです。いろいろなソリューションがありましたが、その中から、今回の豚舎にマッチする豚舎内の温湿度データ収集およびネットワークカメラによる遠隔監視のソリューションを選定しました。

―― 実際にそれらのツールを導入して、養豚業で活用できると思われましたか。また得られた効果についても教えてください。

前田　今回は肥育豚舎への活用でした。養豚には繁殖、分娩、哺乳などいろいろなステージがあります。アイデア次第で、さまざまな活用ができるのではと期待が高まりました。

　最大の効果は、豚舎に行くことなく、豚の様子をスマートフォンやパソコンでいつでも確認できるようになったことです。豚舎に出入りするには、着替えだけでもかなり大変なので、1 日 3 回の見回りが 2 回になり、1 回は映像で確認できるようになっただけでもかなり楽になりました。また人が出入りする数が減るので、疾病対策にも役立ちます。

高田　最初は本当に使えるか、不安視していました。というのももともと同ソリューションはハウス栽培などで使われることを前提に開発され

たものだからです。一方、豚舎は粉じんが舞ったり、腐食性のガスが発生したりするなど、過酷な環境です。まだ導入して半年ですが、今のところ、稼働が担保されそうだということが分かりました。

　この施設ではこれまでも温湿度センサーを設置し、データを取得していました。しかし、そのデータはその機器内に蓄積されているため、データ収集のために週に1度は豚舎に入らなければならなかったのです。ですが、LPWAを活用した今回のシステムを導入して以降は、豚舎に入ることなく、いつでも見たいときに豚舎内の温湿度が確認できます。グラフ化も容易にできるので便利ですね。また映像と温湿度のデータはすべてクラウドで保存されているので、豚の体調が不良になった場合、原因を探るためにさかのぼってデータを見直すこともできます。豚の飼養において、温度管理は非常に重要です。今回のソリューションを活用することで、管理上の適温を見定めることができそうです。

―― IoTは生産性向上や働き方改革にも貢献できそうですね。

前田　例えば繁殖や分娩、哺乳などのステージの豚を飼養している豚舎に導入すれば、夜間の見回りなどはしなくてすむようになるかもしれません。そういう意味では働き方改革にも貢献できそうです。

　ただ、働き方改革を実現するには、今、人間が行っている作業の自動化を図っていくことが必要でしょう。例えば温湿度のセンシングデータをもとに、自動でカーテンの開閉をしたり、ライトをつけたり消したりする。そして細かなところだけ、人間が確認する。

　またもう一つ、私たちの業務の中で、最も重労働なのがふん尿の清掃です。今は高圧洗浄機などを使って清掃するのですが、これは重労働。それなりに大きな初期投資は必要ですが、洗浄ロボットなどの導入も今後は検討していくことが必要でしょう。

　今回のようなIoTソリューションであれば、既存の設備を変えることなく、小さな投資で始められます。飼養環境がリアルタイムで見られるようになるのは、思った以上に効果があります。しかもアイデアがあれば、活用の幅も拡がると思います。

高田　今は温湿度のみのセンシングですが、今後、期待しているのはアンモニア濃度などの臭気に関するセンシングです。それがデータで取得できるようになると、より最適な飼養環境が把握できます。

前田　そうですね。私たち養豚生産者は豚舎の臭いに慣れているので、臭気に対して鈍感になっているんです。ですが、アンモニア濃度などが数値で把握できるようになると、豚にとってより良い環境を総合的に判断できるようになります。最適な環境で肥育できれば、出荷まで 6 ヶ月かかっていたものが、5.8 ヶ月で出荷できるようになるかもしれません。たった 0.2 ヶ月と思われるかもしれませんが、その分の餌代や光熱費も削減されます。飼養している頭数が多くなればなるほど、得られる効果は大きくなる。今回の取り組みでさらなる効果を確認して、会員の方に導入を勧めていきたいと思います。

第 **10** 章

相模湾・漁業への遠隔管理システム導入

遠隔操船の実用化と
沿岸漁業の効率化をIoTで

- 東京海洋大学
- 神奈川県水産技術センター
  相模湾試験場

相模湾（神奈川県）

　東京海洋大学は、次世代水上交通システムの開発をめざしており、その一環として船の遠隔操船や自動運航の研究を進めている。しかし、海上は陸上のような情報通信ネットワークは整備されていないため、船との通信に不可欠なネットワークは自営で構築する必要がある。神奈川水産技術センター相模湾試験場と連携し新しい Wi-Fi 規格 802.11ah の実証実験を開始する。この取り組みは海の ICT 化にもつながる。

東京海洋大学が取り組む 次世代水上交通システム

　東京海洋大学は2003年10月、東京商船大学と東京水産大学が統合して誕生した、海洋・海事・水産分野の教育・研究を行う海洋系総合大学である。出身の異なる2つの海洋系大学が統合したため、キャンパスも分かれており、品川キャンパス（東京都港区）には元東京水産大学系の海洋生命科学部と海洋資源環境学部が、越中島キャンパス（東京都江東区）には商船大学系の海洋工学部がある。

　海洋工学部ではさまざまな研究が行われている。そのうちの1つが次世代水上交通システムの開発である。

　現在、陸上交通、中でも自動車の世界では、自動運転、自動走行システムの研究開発が進んでいる。

　日本でも自動車メーカーのみならずさまざまな企業が参入して、無人運転車によるオンデマンド配車サービスなどの実証実験が行われている。

● 東京海洋大学 越中島キャンパス

　このような自動車業界の動きは、船の世界でも進んでいる。政府は「未来投資戦略 2017」で 2025 年までに自動運航船の実用化をめざす方針を打ち出している。こうした中、海運会社や総合商社などが自動運航船の開発に取り組んでいる。

　東京海洋大学が取り組んでいる次世代水上交通システムの開発は、ゼロエミッション化および自動化ならびに管制機能の整備をめざしたプロジェクトだ。低環境負荷となる電池推進船や、運航支援システムに関する研究に加え、遠隔で操作する「遠隔操船」、自動で運航する「自動運航船」に関する研究開発など、さまざまなテーマで進められている。そのテーマの 1 つ、「遠隔操船システムおよび自動運航船の開発」に従事しているのが、東京海洋大学学術研究院 海洋電子機械工学部門の清水<ruby>悦郎<rt>えつろう</rt></ruby>教授である。

　東京海洋大学で遠隔操船・遠隔監視システムの開発に取り組み始めたのは 2015 年からだという。当初の目的は「噴火で立ち入り禁止区域だった西之島の海底調査をするためだった」という。その前年、同大学では急速充電対応型電池推進船「らいちょう N」が完成していた。

　「この船の全長は 14 メートル。いきなりこのような大きさの船を遠隔操船するのは難しいと思いました。また調査海域付近までは遠隔操船の船を母船に積み込んでいくことになります。そこで 2010 年に完成した全

● らいちょう I の電池推進器

長10メートルの急速充電対応型リチウムイオン電池推進船『らいちょう
Ⅰ』に遠隔操船の仕組みを搭載することにしました」と清水教授は話す。
らいちょうⅠには周囲の様子を見て基地局から遠隔操船できるよう、運
転席にIPカメラが設置されている。2016年11月、清水教授たちは「ら
いちょうⅠ」の遠隔操船デモンストレーションを行った。

　こうした経験を踏まえて、清水教授たちは次世代水上交通システム開
発の具体的な取り組みに入る。

　「隅田川や日本橋川をクルーズする水上バスを自動運航させたいと
思ったのが、きっかけでした」と清水教授は話す。現在、首都圏の陸上
の交通手段は飽和に近づいてきている。都内には運河が巡っており、そ
れを活用すれば、混雑緩和にも貢献できる。だが、自動運航船といって
も、自動車同様、いきなり無人は難しい。清水教授はキャビンアテンダ
ントなどが船員として乗船し、操縦は基地局から遠隔で行うシステムを
めざし、その開発に取り組むことにしたという。

海上の遠隔操船に求められるネットワーク

　川を行き来する水上バスを自動運航させるには、船を遠隔操船するた
めの通信手段が必要となる。当初は「携帯電話回線の利用を考えた」と
いう。だが、河川周辺で電波状況を調べたところ、川沿いは人が少ない
ので通信エリアの境界になっていることが多く、通信手段の確保が難し
いエリアがあった。

● らいちょうⅠの計器類は電池推進船特有のもの。その上に遠隔操船用のカメラが設置され
　ている

大島 浩太 (おおしま こうた) 氏
東京海洋大学　学術研究院
海洋電子機械工学部門
准教授

では、どのような通信システムが適切なのか、清水教授とともにチームでこの分野を担当することになったのが、大島浩太准教授だ。大島准教授の専門はコンピュータネットワークで、実際の環境を考慮した上で最大の性能を持つネットワーク構成を考えることに経験を積んでおり、現場に根ざした IoT 分野にも詳しい。

IoT ネットワークとしてよく使用されている無線通信技術がLPWA である。LPWA の特長は遠距離通信が可能なこと。反面、伝送量が小さいため小容量のデータ通信には向いているが、画像を送ることは難しい。「遠隔操船システムの場合、IP カメラが取得した映像を送る必要があります。ですが LPWA は小容量かつ低速通信。従来のLPWA では、その要求に応えることができません」（大島准教授）

そこで浮かびあがったのが Wi-Fi である。「自前でネットワークを整備できるし、映像も送ることができます。やり方によっては距離も 2 キロメートル程度は飛ぶので使えるのではないかと考えました」（大島准教授）

🔵 新しい技術で課題に挑戦

自動操船の実験のため、Wi-Fi 基地局を航路の近くに設置し、指向性を強化すれば電波はかなり遠くまで届くことが分かった。だが、都内の水上バスの航路には、頭上に首都高速道路などの高架橋が通ったりする箇所がある。そのような遮蔽物があると電波が届かないところが出てきたのである。

そんなときに 802.11ah 推進協議会[*1]の担当者から提案を受けたのが、

---

*1　802.11ah 推進協議会（AHPC）(https://www.11ahpc.org/)

IEEE 標準規格 802.11ah（Wi-Fi HaLow とも呼ぶ。以下、11ah）である。11ah は 920MHz 帯の周波数を利用する新しい Wi-Fi 規格だ。実は 920MHz 帯は現行の LPWA も使っている周波数帯であり、11ah は LPWA の新しい規格でもある。

　従来の Wi-Fi との違いはカバレッジエリアが広いことだ。しかも Wi-Fi なので、イーサネットの枠組みで IP が使えるネットワークの構築ができ、「既存の IT 資産を活用することができるのも大きなメリット」と大島准教授は語る。通信速度は数 Mbps クラスが期待できるので、映像も送ることができる。「遠隔操船システムと相性がよい」と大島准教授は判断したという。

　2019 年 5 月、11ah の実証実験を行うため、総務省は 802.11ah 推進協議会に実験試験局を交付した。11ah の実際のパフォーマンスを確認し、「これなら使える」と確信を得た清水教授、大島准教授たちは、11ah を利用して遠隔操船システムの検討を行うことを計画したという。

まず相模湾で実証実験

　11ah を利用した遠隔操船システムの可能性を探る実証実験の場所として候補にあがったのが、神奈川県水産技術センター相模湾試験場だった。「水産技術センターとは同じ水産分野で協働することが多い」という。そして、当初は 11ah を活用した遠隔操船システムの実証実験を中心に検討していたが、水産技術センターの担当者と話すうちに、「漁業の幅広い分野で遠隔操船の技術を活用していく方向になった」という。

　日本の漁業も多くの課題を抱えている。第一が漁業従事者の安全の問題である。「海上保安レポート 2018」によると、船舶事故を船舶種類別に見ると、プレジャーボートや漁船などの小型船舶が 75％を占めている。船舶事故の原因の 67％は人為的要因によるという。
「暗い深夜に操船することはなかなか困難で障害物を見つけにくく、事故につながるケースもあるようです」

　特に漁船員の災害発生率は、2016 年の例では、陸上で働く労働者の平均災害発生率の約 6 倍に上るという（国土交通省『船員災害疾病発生状況報告（船員法第 111 条）集計書』）。

　「遠隔操船システムを船舶事故の低減や遭難のリスクの回避に利用で

きれば、何よりも漁業の安全化が図れると思うのです」（清水教授）

　一方、定置網漁業の効率化という課題の解決にも、大きな期待が寄せられている。水産技術センターのある相模湾では、定置網による漁が盛んだ。沿岸漁業の生産量の約6割を占めているという。今は、網にどれだけ魚がかかっているかを確かめるには、仕掛けたところまで船で行って確かめるしかない。そのため網にかかった魚を船内に取り込むまでは正確な漁獲量は分からないのが現状だ。その結果、漁獲が少ない場合は、出漁の費用（人件費、燃料費、氷代等）が売上げを超え、赤字になることがある。だが、定置網や大型ブイにセンサーを取り付け、かかった魚の量が分かるようになれば、その状況に応じて現場に向かう時期を判断することができるようになる。それにより、労力と費用を減らすことができるというわけだ。

　また現在の漁業は漁師の勘や経験に依存しているのが現状だ。だが気温や水温、水圧、塩分濃度、潮流などの環境データを収集し、漁獲量の情報との相関関係を分析すれば、経験や勘という継承できなかった知識を見える化できる可能性がある。「海洋情報のビッグデータが活用できるようになることは、漁業にとって非常に有用なはず」と清水教授は熱く語る。

● 神奈川県水産技術センター相模湾試験場（左）　高架橋の先にある漁場との通信を検証

遠隔操船と漁獲量予測

● 試験場の屋上に設置した無線機

　こうして、11ah を利用した遠隔操船システムの実証実験は、水上バスの自動運航とあわせて漁場に向かう漁船の自動走行及び定置網の漁獲量予測という 2 つの新たな実験テーマを持って、東京海洋大学と神奈川県水産技術センター相模湾試験場が協力して行うこととなった。

　そして、小田原水産合同庁舎水産技術センター相模湾試験場建物の屋上に 11ah の端末を設置、検証が開始された。なお 11ah は現在、802.11ah 推進協議会が国内における提供開始をめざし、総務省より交付された実験試験局免許のもと、運用されている段階だ。

　まず取り組むのは、定置網映像の送信、船舶の位置共有などにおける有用性を検証することだ。そのため 11ah の電波の伝搬特性や干渉評価などの確認を行う。漁船に 11ah で通信できるモジュールを取り付け、どのくらいの距離までなら基地局との通信が可能か、海面反射の影響などはないか測定を行う。また、基地局と漁場の間にはバイパス道路が走っており、その高架橋が電波を遮る要素となっている。このため、中継局設置の要・不要、要の場合の設置場所等も含め、安定的な通信の実現に向けた環境整備がひとつの課題になっている。これで、有用性が確認でき、11ah の国内本格運用が始まれば、定置網の魚量の観測、海洋観測データの収集はもちろん、将来的に普及が予測される電池船のエネルギーモニタリング、さらには自動運航船の実現も期待できる。現在のところ順調に進んでいる。高架橋の課題もクリアし、定置網のある漁場との通信については十分可能性が高い。

　定置網の魚量の観測や海洋観測のデータ収集については、「具体的な

● 定置網付近の海面 (浮いているブイの下に定置網が付けられている)

手法はこれからトライアンドエラーで試していく」ということになる。特に定置網のモニタリングに関しては、大型ブイや定置網にカメラセンサーを取り付けることに加え、超音波を使うことなどを検討している。「カメラで実際に、定置網にかかった魚の量をどれだけ確認できるのか、これから試していくことになります。ただカメラは夜には使えない。そこで魚群探知機やソナーなどに用いられている超音波等のセンサー活用も検討しています。設置場所や方法についても検討していかねばなりません」(清水教授)

　実際現場で実装されるまでにはいくつものプロセスがあるが、アプローチすべき課題と取り組みのイメージは既に明確になっている。

　出漁前に定置網の漁獲量が予測できれば労力と燃料代の削減に加え、事前に量に応じた漁港の準備や仲買人などへの情報伝達もでき、多くの作業場で効率化が図れるようになる。今回の取り組みは、漁獲量を特定することでそれに続くサプライチェーンの各段階との連携を図り、新たな付加価値を作り出す起点となるものだ。

　このほかにも、赤潮対策への活用も検討している。海に設置したカメラやセンサーがいち早く赤潮を検知できれば、赤潮への対応も迅速に行うことができ、被害のリスクを低減することができるかも知れない。このように今回の取り組みは、定置網漁に IoT・ICT と新しい無線の技術

を導入した画期的な先進例となり、漁業操業の変革へとつながるインパクトを持ちうるものとなっている。

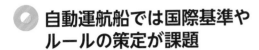 自動運航船では国際基準や ルールの策定が課題

一方、海上の自動運航にかかわる課題としては、国際基準やルールの問題もある。現在、国際海事機関（IMO）において、自動運航船の国際ルールや自動運航船の構造、設備などの安全基準を策定するための議論が進められているという。

IMOは1958年に設立された、船舶の安全および船舶からの海洋汚染の防止など、海事問題に関する国際協力を促進するための国連の専門機関である。IMOの動向などを調べているのが、梅田綾子氏である。弁理士でもある梅田氏は自動運航船の実証実験を法律的な面からサポートしている。IMOで決められたことが元となり、国内でのルールが決まっていくという。つまり、国内で自動運航船の開発をスムーズに進めるためには、IMOの議論の場でいかに日本の意見を反映していくかが非常に重要になるというわけだ。

幸い、日本はIMO設立当初からの加盟国で、理事国地位を保持している。だが意見を述べるには、データの裏付けが必要になる。例えば遠隔操船のカギを握る通信機能について、フランスの船級協会が「3Mbpsの速度を確保すること」というガイドラインを作成したという。3Mbpsとはビデオ通話アプリが推奨している速度だ。「そこまでは必要ない」という見解もあり、国際的な統一基準はまだ確定していない。だがこれから行う11ahを活用した実証実験がうまくいけば、

梅田 綾子（うめだ あやこ）氏
東京海洋大学
海洋電子機械工学部門
産学官連携研究員

具体的に必要な通信速度を日本が提案することができる。その他にも「実際の操船の現場では、音や態度でコミュニケーションをとり、衝突を避けたりしています。それを自動運航船にどうやって認識させ、どう対応していくのか。そういった細かなルールをこれから決めていかねばならないでしょう」と梅田氏は語る。

● 海の ICT 化でサスティナブルな漁業を実現

　現在、漁獲量が減っている日本の漁業は「捕る漁業」からシフトして「育てる漁業」に注力している。その育てる漁業に、「海の ICT 化は大きく貢献できる」と清水教授は力説する。カメラやセンサーで魚の様子が分かる上、環境モニタリングにより、えさを撒き過ぎていないかなども分かるようになる。「育てる漁業が主流になれば、漁業の働き方を大きく変えることができ、第一次産業の維持とその発展、更に将来的には6次作業化 [*2] にもつながるのではないか」と清水教授は展望を述べる。

● IoT と 802.11ah の定置網漁業への活用イメージ

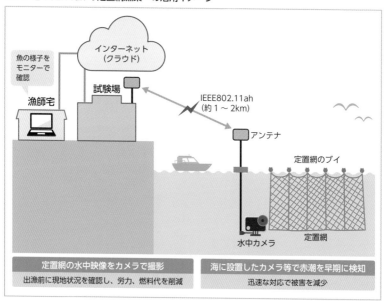

[*2] 農林水産物の生産にとどまらず、加工や販売などを合わせて行うことにより、生産者の収入や地域での雇用の拡大を図る取り組み。

● 水産技術センター所属の漁業調査船

　もちろん、捕る漁業にも海の ICT 化は大きく貢献する。取得した観測データを分析することで、翌日、周辺海域のどこに漁場が形成されるのか、漁場の予測、見える化ができるようになる。さらに全国的に海の ICT 化が普及し、海の資源管理ができるようになれば、魚を捕りすぎることなどもなくなる。「サスティナブルな漁業が実現できる」と清水教授は期待を込める。

　海上だけではない。漁獲量があらかじめ予測できれば、魚を出荷するための陸上の適正人員を配置することも可能になる。

　「海はようやくデジタル化が始まったところといっても過言ではありません。ICT の力によって、今後新しいサービスやシステムができてくるはずです。これからの漁業は面白くなると思います」（大島准教授）

　東京海洋大学と水産技術センターが連携して取り組む自動運航船の水上バス適用、定置網漁獲量予測など海の ICT 化ともいうべき実証実験でどのような成果が出るのか、期待が高まる。

※　文中に記載の組織名・所属・肩書き・取材内容などは、すべて 2019 年 11 月時点（インタビュー時点）のものです。

まとめ

背景と課題

　東京海洋大学では、次世代水上交通システムの開発に取り組んでおり、遠隔操船システムや自動操縦の開発には、カメラによる映像情報とこれを伝送する無線通信システムが欠かせない。だが、陸上と違って海上には適切な通信システムがなかった。

取り組み内容

　新しい Wi-Fi 規格である 802.11ah (以下、11ah) の採用を検討、以下の特性を備えているため、自営ネットワークシステムとして構築し遠隔操船に利用できると判断。

- 通信速度数が数 Mbps が期待できるので、カメラで取得した映像が送信可能
- 1km 以上の距離に電波が届き、カバレッジエリアが広い
- IP ネットワークと相性が良く、既存の IT 資産を活用可能

　実証実験は、神奈川県水産技術センター相模湾試験場、NTT 東日本と共同で行うことになり、試験場の屋上に 11ah の端末を設置。遠隔操船や自動操船の開発のみに留まらず、漁業の幅広い分野への適用を視野に入れている。相模湾の定置網にカメラ・センサーを設置し、出漁前に漁獲量を予測する仕組み作りも推進。

今後の展望

　遠隔操船が実用化すれば、夜間操船の漁船事故や遭難のリスクを低減できる。さらに、海洋情報のビッグデータ活用など海上での各種 ICT 化が進展することで、漁業の安全化に加え、効率化、技術伝承など働き方改革につながる発展が期待できる。

漁業のICT化で働き方改革を支援
遠隔操船を沿岸漁業分野で活用

清水 悦郎（しみず えつろう）氏
東京海洋大学
学術研究院 海洋電子機械工学部門
教授

—— 遠隔操船の実験に取り組まれる背景を教えてください。

　東京海洋大学海洋工学部では、低環境負荷で安全・高効率な次世代水上交通システムの開発に取り組んでいます。電池推進船「らいちょうN」や「らいちょうI」はその一例です。その他にも高効率運航を実現するような仕組み、遠隔監視システムや無人操船に関する研究が行われています。

　そのようなさまざまな研究が行われている中で、私がメインで取り組んでいるのは自動運航船の開発です。日本は周囲を海で囲まれており、東京や大阪などの大都市部は運河が巡っています。例えば東京隅田川を運航する水上バス、これを自動運航させたいと思ったのです。自動車同

様、船舶の世界でも自動運航といっても一足飛びに無人での操船というわけにはいきません。そこで、キャビンアテンダントなどが船員として乗船するが、操船は遠隔地から行うシステムを開発することにしました。当初は携帯電話や LPWA、Wi-Fi を検討したのですが、海上向けには不十分で決めかねていました。そんな時、新しい種類の Wi-Fi 規格ともいえる 11ah の紹介がありました。遠隔操船システムの通信部分を担当している大島准教授が 11ah の特性を踏まえ検討したところ、「遠隔操船システムと相性がよい」と判断、11ah を使った実証実験をすることとなりました。

―― 神奈川水産技術センター相模試験場ではどんな実証実験を行うのでしょうか。

当初は遠隔操船の実証実験を行うつもりで、水産技術センターと話を進めていました。話をするうちに、「沿岸漁業分野でもぜひ、活用したい」という話になったのです。漁業をとりまく環境にはさまざまな課題があります。1 つは漁業従事者の安全性の問題です。漁船やプレジャーボートなどの小型船舶では、居眠りや見間違えなどの人的ミスによる事故が発生しています。自動運航船や遠隔操船の技術をすべての船舶に応用すれば、たとえ操船していた漁師が寝てしまったとしても、船をセンシングして障害物を検知し、遠隔操船で回避できれば事故の発生率を低減できます。

もう一つの課題は従事者の高齢化により、人材不足が懸念されていること。そのため省力化が求められています。相模湾では定置網漁が盛んですが、魚が網にかかっているかどうかは現地に行って確かめるしか方法がありません。定置網や大型ブイにカメラセンサーを設置し、網に魚がかかっているかどうかモニタリングすることができれば、巡回回数を減らすことができます。

まずは普通の漁船に搭載し、どのくらいの距離まで通信が可能か、海上で電波の伝搬特性などを測定することから始める予定です。そこで使えることが確認できれば、その他ユースケースや、自動運航船への活用についても検証していきたいと考えています。

―― 漁業の ICT 化が進むことで、どんな未来が展望できるのでしょう。

　農業や漁業など第一次産業では技術の継承が問題となっています。漁業従事者の数は年々減っており、新規参入者もなかなか増えません。その背景にあるのが、労働環境です。沿岸漁業の場合は午前0時ごろに起きて出航し、午前4時ごろに帰ってくる。天気にも左右されますし、漁に出たからといって必ず収穫できる確証もありません。また帰ってきてからは出荷準備などもあります。いわゆるきつい職業だからです。しかも漁は漁師の勘や経験に頼っているため、そういうノウハウがない新人はなかなか成果を上げづらいことも、新規参入が進まない要因だと思われます。

　このような課題を解決するためには、IoT・ICTの活用が重要になると思います。漁船の遠隔操船、自動運航、定置網の漁獲量予測は、いずれも重要な活用事例になりますが、陸上と違って海上は情報通信ネットワークというものが整備されていませんから、自営ネットワークが必要となります。11ah は、目的に合致した新しい無線システムなのでとても期待しています。

　第一次産業を維持していくためには、働き方改革は不可欠な要素になってくると思われます。その大きなカギを握っているのが、IoT・ICT だと思います。これらの導入が遅れていた漁業ですが、実証実験で有意義なケースを見つけ、発展に貢献していきたいと思います。

第11章

郡山市・食用鯉の養殖事業

鯉の伝統を絶やさない！
IoTで養殖技術の伝承に着手

- 郡山市
- 県南鯉養殖漁業協同組合
- 福島県内水面水産試験場
- 福島大学

福島県郡山市

　猪苗代湖から流れる安積疏水(あさかそすい)のミネラル豊富な水で育てられ、上品な旨味と引き締まった身で人気の高い「郡山の鯉」。市町村別では全国一位の生産量を誇るブランド鯉として全国に流通している。しかし、食生活の変化や生産者の高齢化に加えて、東日本大震災の影響を受け、産地衰退の危機に直面している。伝統食としての鯉を守るため、産官学連携による「鯉に恋する郡山プロジェクト」が発足し、鯉の養殖にIoTを導入し、技術継承を図るとともに6次産業化をめざした多様な活動が行われている。

「鯉食キャンペーン」を展開
地元で食べて名産品を応援

　カルパッチョやアヒージョ、唐揚げのあんかけ、さらにはハンバーガーなど、おいしそうな料理がずらり——。郡山の飲食店やホテルで提供されるオリジナルメニューに食材として使われているのは、郡山産の「鯉」だ。定番料理の「洗い」や甘露煮などはもちろんだが、鯉を食材とした料理のバリエーションの豊富さに驚かされる。それもそのはず、鯉は中国やベトナム、あるいはハンガリーやドイツなどの中央・東ヨーロッパを中心に世界各国で食べられており、当然ながら和洋中さまざまな料理に合う食材なのである。

　郡山市では全市をあげて、郡山産の鯉の消費拡大および鯉を通じた地域活性化を目的に、市内の「鯉食キャンペーン」を展開してきた。これは地元特産品である「鯉」の郷土料理復活および新たな食文化の創造を図ることを目的に、市と県南鯉養殖漁業協同組合が主体となって2015年11月より行っている「鯉に恋する郡山プロジェクト」の活動の

● 「鯉に恋する郡山プロジェクト」のタブロイド誌「KOIKOI magazine」

一つである。「鯉食キャンペーン」は 2017 年 2 月に第 1 回が開催され、13 店舗で鯉のオリジナルメニューの提供が行われたが、回を重ねるごとに参加店舗が増加し、2019 年 2 月の第 4 回には、居酒屋やレストラン、ホテル、温浴施設など 91 店舗に増えている。冒頭にあげたメニューはそうした店で食べられている一部であり、郡山産の鯉をメニューに取り入れた店は市内に続々と増えている。

　実は、福島県は茨城県と生産量トップを争う鯉の名産地[*1]。中でも郡山市の鯉は福島県全体の生産量の 9 割にあたり、市町村別の生産量で言えば日本一を誇る。しかし、郡山は日本一の鯉の生産地であったにもかかわらず、意外にも鯉を食べられる店が少なかったという。昭和時代には来客の際に「最高のおもてなし料理」として振る舞われ、正月の行事食としても欠かすことのできない存在だったが、あくまで家庭料理としてであり、外で食べるものではなかったからだという。さらに、食生活の欧米化や外食利用の急増などもあって、この 20 〜 30 年の間に家庭の食卓からも鯉料理が消え、正月の行事食として食べる人も減っている。

　もしかすると、鯉と言えば「泥臭い」というイメージがあり、敬遠している人もいるかもしれない。しかし「そんな人にこそ郡山の鯉を食べ

● 「郡山の鯉（抜粋）」（郡山市公式 Web サイトより）

てほしい」とキャンペーンの事務局が置かれた郡山市 園芸畜産振興課の「鯉係長」二代目を務める若穂囲 豊氏は熱く語る。確かに郡山鯉のほんのりと桜色がさしたような身は脂のりがよく、上品な旨味とほどよい歯ごたえが相まって、「淡水の鯛」と呼ばれるのも頷ける。地元の養鯉事業者の努力のもとで生産技術が向上し、生産量はもちろん品質においても高く評価されるまでに至ったという。

「家庭の食卓から消えかかっていた鯉料理ですが、『鯉食キャンペーン』を機に、地元の食材を見直して地元でも食べよう、旅行者に食べてもらおうという機運が盛り上がっています。その結果、観光資源として、郡山を訪れる皆さんをおもてなしする料理の一つとして、そして家庭でも気軽に食べられるお惣菜として、鯉の消費が格段に増えてきました。今後も継続して郡山での"鯉食"を広げていきたいと思っています」(若穂囲氏)

「鯉に恋する郡山プロジェクト」では、「鯉食キャンペーン」のほか、小学校・中学校の給食でのメニュー復活や、鯉を伝統食とするハンガリーとの交流、市場関係者を対象とした捌き方講習会や試食会の開催など、多彩な取り組みを行ってきた。
「市内のスーパーでも多くの鯉の加工品が並び、郷土食として改めて認知されるとともに、東京などほかの地域でも『郡山の鯉』がブランド鯉として認知され、海外にも広がることをめざし、トップ産地として鯉の普及に努めていきます」(若穂囲氏)

◉ 安積疏水に磨かれた養殖鯉が 郡山の名産になるまで

改めて郡山でスポットライトを浴びている鯉だが、もともと日本では内陸部を中心に多くの地域で伝統的に食べられてきた馴染み深い食材だ。石器時代以前から貴重なタンパク源として常食されていたと考えられており、江戸時代には各地で鯉漁が行われ、料理文化としても浸透していたとされる。例えば、寛永20年(1643年)に刊行された「料理物語」には、鯉に適した料理として「刺し身、なます、汁、浜焼き、すし、こごり、小鳥焼、すい物」などが記され、胆を使った「鯉のゐいり汁」や卵をまぶした「鯉の子付けなます」なども作り方が紹介されている。

● 養殖池から収穫した鯉を生け簀で一定期間飼育する

その後、明治時代にはため池や水田を活かした養殖が始められ、日本全国のさまざまな地域で盛んに行われた。

　郡山もそうした鯉の生産地と同様、明治時代から養鯉業が盛んになった。猪苗代湖から安積疏水が引かれ、肥沃な土地へと生まれ変わるのと同時に鯉を食べる文化が根付いた。安積疏水が引かれたことで灌漑用の池の水に余裕が生まれ、鯉を養殖する環境に整ったのがきっかけとも言われている。さらに鯉の養殖が盛んな地域の多くがそうであったように、もともとは養蚕が盛んに営まれており、鯉の餌となる蚕の蛹が豊富に入手できたことも条件として大きいようだ。

　現在、郡山で屈指の鯉養殖事業者であり、県南鯉養殖漁業協同組合の組合長を務める熊田純幸氏も「同じ餌をあげて、同じ育て方をしても、郡山の鯉はなぜかおいしくなるというんです」と鯉の生産地としての郡山の優位性を語る。「地形や歴史、産業など、いろいろと条件があってのことと思いますが、『安積疏水の水の良さ』が郡山鯉がおいしくなる一番の理由かもしれないですね。猪苗代湖から流れる水にたっぷりとミネラルが含まれていて、それが味に大きく影響しているらしいんです。それから、郡山は夏暑くて冬寒い気候でしょう。寒暖の差が鯉の味を凝縮し、ほどよく身を引き締めると言われています。その上で先人たちが

色々と工夫してきたことを引き継いできたからこそ、全国的に高い評価を受けるようになったのだと思います。養殖池の徹底した管理や独自に配合した餌など、手をかけるほど鯉はおいしくなりますね」と語る。

　熊田氏は明治から続く養鯉業の家に生まれ、24歳のときに鯉の養殖を始め、昭和35年に創業した熊田養殖場を前身として平成2年には加工・販売までを行う株式会社熊田水産を設立した。市内に14ヶ所の養殖池を保有し、最盛期には年間500トン以上を出荷していた。
「基本的に鯉は生きたままで出荷するので、事業を始めた頃はほとんどが地元か、会津で食べられていました。徐々に運送技術が発達し、鮮度を保って運べるようになったこともあって、山形や秋田、群馬、埼玉、長野あたりまで広く注文を取ることができるようになったのです」

　恵まれた自然環境のもと、熊田氏を始めとする生産者が手塩にかけて育てた郡山の鯉は「福島の鯉」として、全国一の高値で取引されるようになっていった。

産業衰退の危機を救い、郡山の産業として支援する

　かくして郡山の特産品となった鯉だったが、日本全体で見れば決して安泰な産業ではない。郡山も含め、食生活の変化で家庭でも飲食店でも鯉を食べることが減り、全国的な生産量は年々減ってきている。かろうじて郡山の鯉が生産量を保ってきたのは、その品質の賜物であり、全国に販路を広げることができたからと言えよう。実に県外への出荷は9割にも上っていた。しかし、そうした状況に大打撃を与えたのが、東日本大震災だ。
「品質にも安全性にも問題がないとされ、全国で一番いい鯉だと評価されているのに、福島の鯉だと言わずに売買されていた。誇りに思っていただけにあれは辛かったですね」と熊田氏は言葉少なに振り返る。実質的に養鯉事業者を苦しめたのは風評被害だ。取引先が減り、全国一だった価格の下落も止まらず、一時期の売上は半分以下にまで落ち込んだという。

　それでも養鯉事業者は鯉を大切に育て続け、逆風に抗うべく努力してきた。基本的に餌に恵まれた養殖鯉が水底の泥を口にすることはまずな

いが、安積疏水の清水を引いた生け簀の中で飼育する時間を延長し、定期的に放射性物質検査を行うなど、万全の取り組みを行った。その成果もあってようやく回復の兆しがかすかに見えてきたところで、養鯉事業者の努力を後押ししようという動きが行政側から起きる。改めて郡山の名産品・食文化として定着させるため、2015年4月に郡山市役所の農林部 園芸畜産振興課に日本初となる「鯉係」が新設されたのだ。そして半年間の準備期間を経て同年11月に前述の「鯉に恋する郡山プロジェクト」が始動し、さまざまな取り組みが行われるようになった。

　「郡山を鯉の街に！」とプロジェクトの大号令をかけた品川萬里郡山市長は、「日本一の鯉の生産地なのに、郡山では食べる文化が廃れてしまっていたことを残念に思っていました。そこで、まずは33万人の市民によって鯉の食文化を復活させることで、生産者もまた活気を取り戻すことができるのではと考えたわけです。さらに加工や小売り、飲食などの各業界と連携して6次産業化を実現し、県内外の多くの人たちから『郡山と言えば鯉』と認知されるくらいになれば、郡山全体の活性化にもつながるでしょう」と期待を寄せる。

　しかし、県外から観光客が誘致できるほど郡山鯉の知名度が上がり、地域の特産品として6次産業化がかなうようになったとしても、肝心の

● 養殖池から生け簀に移された鯉

養鯉業が一時的な活性化だけに留まれば将来的な発展にはつながらない。郡山の産業として確立させるには、県内外の消費量の拡大や風評被害の払拭などに加え、長期的な生産者側の課題を解決する必要がある。それは第1次産業を中心に日本全体の懸案となっている「高齢化」にともなう問題だ。

かつて12人いた養鯉生産者は震災を経て6人となり、まもなく5人になるという。いずれも高齢であることから、事業の生産性向上や稼働軽減、後継者の育成、伝統技能の継承などが切実な課題となっている。技術や技能が伝承されなければ効率化もかなわず、防げたはずの鯉の「へい死（突然死）」による経済的損失が発生するようでは利益も抑えられてしまう。事業としての存続危機にあるわけだ。

「確かに現在の養鯉業は決して楽な仕事ではないですね。生き物を相手にしているので、1日のうち数回は養殖池を見に行く必要があります。朝は早いし、まとめて休日を取ることもなかなか難しい。一度落ちた価格がなかなか上がらないことを思えば、利益を出していくためには今以上に効率化を進めなければなりません。若い人に継いでもらうためには、生活を豊かにしつつ"儲かる仕事"にする必要があるでしょう」と熊田氏も若い世代への継承について語る。

そこで解決策の一助として期待されているのがIoTの活用だ。例えばIoTセンサー装置やネットワークカメラで養殖池を遠隔監視したり、水中の溶存酸素が不足するなどの異常時のアラート通知によって鯉のへい死を減らしたりできれば、仕事の効率化および経済的損失の抑止が可能になる。また温度や餌などの養殖管理基礎データを蓄積・分析することで養殖技術のアーカイブ化や品質向上につながるだろう。そこで、2019年6月より「作業の省力化」「養殖データの収集」を目的にIoT導入と検証が行われることとなった。

IoTの活用で鯉の養殖管理状況を可視化・データ化

今回の取り組みは郡山市の実行管理のもと、福島県内水面水産試験場が鯉の品質向上に向けた調査・研究や養殖技術の指導にあたり、福島大学が取得データの解析、養殖環境の改善提案などを担った。また検証は

● 浮き輪でセンサーを吊るし計測に適切な水深を確保

　県南鯉養殖漁業協同組合の熊田氏の養殖場で行われ、NTT 東日本の福島支店と一次産業支援専門チームが本取り組みに参加するメンバーの思いをくみとり、事業提案としてまとめ、またセンサー、カメラなどのシステムを担当した。センサーやカメラから取得したデータは無線通信で池から事務所に送られるが、池と事務所の間の送受信においては距離と傾斜に加えて木々の茂みが障害になることから、「ミリ波」による長距離無線通信を導入した。「ミリ波」は 1Gbps 以上の高速無線通信ができる。

　具体的には、IoT センサーを養殖池の定位置に設置して、水温や溶存酸素、pH や酸化還元などのデータを Wi-Fi とミリ波のネットワークを通じてクラウド上に収集し、生産者はそのデータの推移を見ながら養殖法の調整を行うというものだ。

　当然ながら熊田氏はそれらに頼らずとも長年の経験や勘をもとに餌やりのタイミングや量、水温、酸素などの調節など、鯉の養殖に必要な作業を適宜判断して行うことができる。そうした属人的な技術・技能をデータとして蓄積し、可視化することによって、後継者の育成に役立てようというわけだ。また酸素濃度の低下や病気が生じやすい水温など、鯉にとって望ましくない環境変化が起きたとき、異常検知のアラートが

通知される。迅速に対応することで鯉のへい死や病気を抑止し、それによって経済的な損失を防ぐという。さらにネットワークカメラを設置し、離れたところからでも池や鯉の様子を見られるようにすることで、センサーを補完する映像情報が得られるようになっている。

養殖池は一見したところ、湖と区別がつかないほど大きいが、岸からでも黒い鯉がトルネードのように大きな群れを作って泳いでいるのが分かる。集団でゆったりと水中を泳ぐ姿は、まるで大きな龍のようだ。餌の時間ともなれば、大群が数ヶ所の餌場に押し寄せ、静かだった水面が黒い鯉の背中で盛り上がって見えるほど大騒ぎになる。その密集具合は水中の酸素が欠乏し、うっかり長居して失神する鯉が水面に浮かぶこともあるほどだ。それでも鯉は「息を止めるようにして駆け抜けながら」必死に餌を食べようとするという。

「生命力の強い魚ですが、できるだけストレスをかけないよう気を配っています。餌やりのタイミングや量などは"鯉の顔"を見れば、どのくらいがいいのか加減がすぐ分かります。やっぱり朝にやる餌への食いつきが一番いいですね」

そんなふうに鯉について話す熊田氏の表情は、まるで我が子について語るかのように柔らかい。IoT センサーやカメラについての効果を聞く

● 養殖池の水中から水温、溶存酸素、pH 等のデータを収集

● ネットワークカメラで養殖池を遠隔監視

と「自分が『こうかな？』と思ってやったことが『やっぱりそうだった』と分かる感じでしょうか。IoT センサーやカメラが設置されたことで巡回が減って作業負担が減ったかと言えば、むしろカメラの画面を見ると、つい池に鯉を見にいきたくなるので効果はないかもしれませんが」と笑う。「でも多分、時代によってやり方は変わるはず。若い人にとって効率よく仕事をすることは大切ですし、センサーやカメラにも慣れれば問題ないでしょう。電話だって、登場した頃は会わなくては意味がないと思っていたとしても、慣れてくれば電話で済ませられる用事もたくさんあることが分かりましたからね。そんなふうに時代が変わるごとに新しい道具を取り入れつつ、新しい仕事のやり方を模索するのは大切なことだと思います」

🖊 養殖技術の伝承のため、品質向上のためにデータを活用

　養殖場での検証は、県南鯉養殖漁業協同組合が養殖の様子をレポートにとりまとめ、郡山市に提供される。また取得したデータは NTT 東日本の提供するクラウドに集積され、福島大学へと提供され、分析が行わ

● IoT を活用した取り組みの全体イメージ

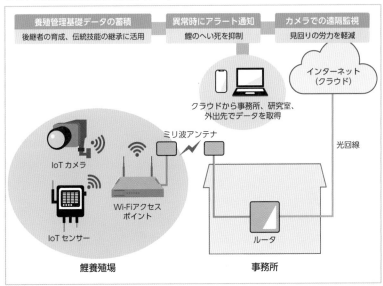

れてきた。

「私自身は鯉や池の様子を見ながら試行錯誤してきましたが、若い人たちがこれから引き継ぐとなれば、イチからではなくこれまでの技術を可視化して、その上でそれぞれの工夫をするのが望ましいでしょう。ベストな方法を見つけて、それをうまくシステム化できれば、あえて朝早く起きて行かなくても機械に任せることもできるし、人数も少なくて多くの量を生産できますから」(熊田氏)

　そうした生産者の思いにも応えるべく、環境面の調査・研究によって「高品質でおいしい鯉」の技術サポートを行っているのが、福島県内水面水産試験場だ。主任研究員の佐々木恵一氏は言う。

「市の依頼を受けて、『鯉に恋する郡山プロジェクト』として高齢化が進んだ鯉養殖産業の技術を次世代に伝えていくために手を貸してほしいと言われ、プロジェクトに参加しました。もともと水産品の安全性担保と品質向上は私たちの課題ではあるので、一も二もなく引き受けましたが、『熊田氏らが持つ技能・技術を IoT を使って可視化する』というテーマで何をどのように調査・分析すればいいのか戸惑う面もありました。そこで福島大学の和田敏裕先生に依頼をして、アドバイスをいただきな

● ミリ波アンテナから養殖池のデータ・映像を事務所へ送信 (株式会社ビーマップ提供)

がら進めることになったんです」

　そうして参加した福島大学の和田敏裕氏もプロジェクトの一員として、鯉そのもののデータ分析の面から取り組みを支えてきた。
「おそらく熊田氏が見ればすぐ分かるようなことに時間をかけ、データで再現していくことになると思います。『分かっている人』から見れば当然のことも、普通の人にはまったく知らなかった事実となり得ます。例えば、先日学生がちょっとしたミスで学校で飼っていた魚を死滅させてしまったんです。その程度のミスでも魚が死ぬと分かれば、おそらく彼はもう同じミスは繰り返さないでしょう。でも、そうした体験をせずとも、先人の体験を自分の知識とすることができる。そこに技術伝承の価値があるのではないかと考えています」(和田氏)

　データを示して分かるようにすること、また分かるようなデータを取ること。それがIoT活用で重要なことだという。今後は効率的に鯉を育てる方法を見出していくことと同時に、より品質の高い鯉を育てるにはどのようなデータを意識すればいいのか、さらにフィードバックをしながら、データ取得の最適化や追加を図っていく。
「それによって付加価値の高いブランド鯉となり、郡山の名産品としてさらに知名度を上げていくことができればうれしいですね。データ化、

● 事務所内の光回線につながるミリ波アンテナで各種データを受信

アーカイブ化によって養殖管理技術の汎用性が高まれば、すべての鯉の養殖事業者に普及させることができるでしょう。さらにほかの魚種などにも応用ができるかもしれません」(佐々木氏)

　震災という未曾有のトラブルにあい、消費低下や後継者不足に悩んできたからこそ、鯉を真ん中に地域の関係者が集結し、IoT という最新技術のもと「先進スマート漁業」としての新しいスタートを切りつつある。

　元気がよくて長生き、中国には「龍門の滝を上った鯉は龍になる」という故事もあるように、昔から縁起がいい魚とされてきた鯉。実際、栄養価も高く、タンパク質やビタミン B1、B3、D、E が豊富に含まれ、古くから滋養食品として食べられてきた。カリウムやリン、鉄などのミネラルも多く、産前産後や病後の体力回復にもよいとされており、「妊婦が鯉を食べるとおっぱいがよく出る」と聞いた人もいるだろう。
「サプリメントなども登場しているようですが、私としてはやっぱり料理で食べてもらいたいです。今や郡山には、キャンペーン開催時は 100 軒近く鯉料理が食べられるお店があります。ぜひ、郡山に来たら寄ってみてほしいですね。私もおいしい鯉が安定的に提供できるよう、今後も頑張りたいと思います。でもときにはセンサーやカメラに見回りを任せて、ゆっくりする日があってもいいかもしれませんね」(熊田氏)

※　文中に記載の組織名・所属・肩書き・取材内容などは、すべて 2019 年 7 月時点
　　（インタビュー時点）のものです。

● まとめ

背景と課題

　郡山市は、全国屈指の食用鯉の生産地であるが、食生活の変化、外食
の増加、震災後の風評被害などが影響し、需要が低下していた。そこ
で、鯉産業を支援する市のプロジェクトが立ち上がり、鯉料理店の増加
や認知度の向上など成果が表れ、消費が復活しつつある。
　一方、生産者側では高齢化が進んでおり、生産性向上、稼働削減、後
継者育成、技能継承などが課題として残っている。

取り組み内容

　IoT を活用し、鯉の養殖管理状況の可視化、データ化と、取得した
データの分析を踏まえた飼育ノウハウの蓄積、体系化に取り組んだ。

- IoT センサーを養殖池に設置し、水温、溶存酸素、pH 等のデータ
  を測定。池と鯉の状態が監視できるようネットワークカメラを設置
- Wi-Fi とミリ波による通信を通じて、測定データをクラウドにアッ
  プロード。遠隔地から飼育環境、飼育状態が監視できるようにする
  とともに、データを収集。専門の研究者が調査・研究に活用できる
  体制を構築

今後の展望

　生産者の高齢化による後継者不足への対策として、IoT で取得した養
殖データやカメラ映像の活用が有望。養殖の技術や経験を客観的な事実
として知識化・マニュアル化し、分かりやすく効率的に後継者に伝承で
きれば、将来の鯉産業の維持・発展が期待できる。

「郡山と言えば鯉」と言われるように活動を拡大

品川 萬里 (しながわ まさと) 氏
郡山市 市長

—— 「鯉に恋する郡山プロジェクト」に取り組むことになったのは、どのような経緯からなのでしょうか。また、どのような思いがあったのでしょうか。

　以前から郡山が鯉の一大生産地であることはよく知っていました。鯉料理で有名な佐久や米沢などにも稚魚を出荷している状況をみても、日本の鯉食文化を支えていることは間違いありません。しかし、それが食文化の変化や生産者の高齢化、はては震災の影響で縮小傾向にある。それをなんとか支援し、活性化するためにと考え、市役所内に「鯉係」を新設しました。職員や関係者を交えて議論し、まずは地元から鯉を広げていこうと「鯉食キャンペーン」を展開し、鯉料理を出すお店を増やす

ことから始めました。大手食品メーカーと連携して、小中学校の給食での提供や地元企業での活用など地域でさまざまな連携を図りながら、現在も活動を拡大しています。将来的には、「郡山と言えば鯉」とも言われるよう確立させていきたいと考えています。

―― 鯉の生産に IoT を活用しようという発想はどのような経緯から生まれたものなのでしょうか。

　社会全体において ICT 化の潮流は間違いなく、さまざまな活用事例を見聞きするたびに郡山でも導入できたらと考えるようになりました。そこで最先端 ICT 技術のテスト導入を郡山で行えるよう「テスト・ベットシティ」を宣言し、さまざまな ICT 導入を図っています。水害対策を目的とした下水道センシングのほか、待機児童や介護入居の審査システムなど、ICT 導入目的は多岐にわたり、その一つが「鯉の生産に IoT を活用する」というテーマだったわけです。

　鯉の生産は手間がかかり、高い技術・経験が必要です。高齢化や人手不足を補うために効率化を図りつつ、次の世代に向けた技術伝承が求められていました。その解決策として IoT の活用が試されるわけですが、少子高齢化にともなう課題は地域社会の中でほかにも数多く見られます。鯉産業テックだけでなく、6 次産業化テックや福祉テックなどにいち早く取り組み、「地域テック」のショーケースになれたらと思います。地方の一都市でフィールドテストをしてもらうことは光栄ですし、ここで得られた成果が日本全体の地域活性化のヒントの一つになることを願っています。

―― 地方創生に対する ICT 活用をどのように捉えていらっしゃいますか。

　言葉として、「地方」と「大都市」の対立構造に違和感を感じており、人口減少にともなう人手不足、後継者不足は地方に限ったものではないと考えています。前述したように ICT はどの地域においても必然的に使わざるを得ず、問題を解決する一助になると考えています。

　その一方で地方独自の新しい発展の形を切り拓くものとしての期待もしています。例えば、米国では Microsoft や Apple などの大企業が各地

方にあっても、独自の産業ネットワークを形成しています。日本のように すべて一極集中という国は稀なのです。郡山も起業支援や企業本社の 誘致などによって、海外にも直接アピールできるような独自の文化・産 業圏をめざすべきなのではないかと考えたとき、ICT活用は大きな牽 引力になると考えられます。

　鯉もまた、産業としてはまだまだ小さな規模ですが、国内で調達でき る稀有な生産品でありわが国の食文化を担う重要な存在です。「市内で 途絶えさせない」というだけでなく、国内はもちろん海外にも貢献でき る産業へと発展させていくことも念頭に置いて取り組んでいきたいと考 えています。「鯉が滝を上って龍になる」といいますが、ICT活用がそ のきっかけになることを期待しています。

誰でもできるレベルになって 新しい人が参入するのを期待

―― それぞれ「鯉に恋する郡山プロジェクト」に参画されるようになった きっかけなどについてお聞かせください。

熊田：震災の影響と風評被害で事業的に厳しいときに、市の方に状況を聞いていただく機会があり、そのときすぐにはプロジェクトとしては立ち上がらなかったのですが、何かと気にかけていただいていました。2014 年の終わり頃に「鯉担当の職員を配置する」と伺ってびっくりしましたね。それをきっかけに「鯉に恋する郡山プロジェクト」が立ち上がり、食べていただく「消費」という形でご支援いただいたことは大きな励みになりました。

熊田 純幸（くまだ すみゆき）氏
熊田水産 社長
県南鯉養殖漁業協同組合
代表理事組合長

佐々木：内水面水産試験場としては、最初は震災を受けて、鯉の安全性担保についての調査・分析に始まり、徐々に品質を良くするための調査・研究になり、さらに「鯉に恋する郡山プロジェクト」の中で、鯉の養殖管理技術伝承へと目的が変わってきたというところですね。行政的には、高齢化による後継者不足を解決し、産業を下支えするためと理解しています。そして、鯉を育てるための IoT データの取得や分析のアドバ

イスをいただくために和田先生にお
願いしたという流れです。

和田：それが正式なオファーなの
ですが、私が「鯉に恋する郡山プロ
ジェクト」に接したのは、実はそれ
より少し前になるんです。ある農業
系の施策で郡山に伺った際に、たま
たま市の「鯉係」の職員の方からお
話を伺う機会がありまして。それが
すごく熱意のこもったものだったん
ですよ。そこで正式にご依頼をいた
だく前に、ぜひ養殖の現場を見に行
きたいとお伝えしたところ、職員の
方と一緒に熊田さんの池に見学に行
くことになったんです。

佐々木 恵一 (ささき けいいち) 氏
福島県内水面水産試験場
主任研究員

佐々木：そんなことがあったんですね。だから話がスムーズだったんで
すか（笑）。みんな課題感を共有できていたことがよかったんでしょう
ね。

—— IoT 活用による養殖管理技術の可視化について、どのようなこと
　　を期待されていますか。

熊田：やっぱり新しい人の参入を期待したいですね。産地としていろんな
人が産業として発展させるため、協力し合いながら切磋琢磨していく
ことが一番望ましいと思います。IoT による養殖技術の可視化で、シス
テム化が進んで仕事の効率化がかなえば、十分な収入と休みを得ること
ができ、若い人で継承したいという人も出てくるでしょう。さらに未経
験であっても、データによるアーカイブ化が実現できていれば技術の引
き継ぎがかなり容易になります。
和田：先人の知恵を伝達する方法が、口伝から紙になり、写真になり、
センサーデータになりと進化してきたということなのでしょう。その結

果、熊田さんの経験を客観的な情報として伝えることができて、効率的に技術伝承がかない、産業としても活性化することを期待したいですね。

—— データ収集や分析において、今後の課題があれば聞かせてください。

熊田：勝手な希望を言えば「誰でもできる」ようなレベルになればと思っています。最初からきついと感じる仕事に就こうとする人はいないでしょう。誰でもできるようになれ

和田　敏裕 (わだ としひろ) 氏
福島大学 准教授

ば、分業もできます。短い時間で組織的に効率的に養殖できるし、休みも取れるでしょう。試してみてデータを見てみるなど、試行錯誤もしやすくなると思います。

佐々木：そうしたご要望を受けて、私たちの課題は養殖技術をどうやって分かりやすく伝えられるものにするか、でしょうか。一口に可視化といっても、数字の羅列だけでは分からないでしょう。実際に養殖の現場で活用してもらうためには、数値化、翻訳して、「ここがこういう状態のときは、こうすればいい」といったマニュアル化も一定程度必要になってくると思います。

和田：私たちもそうですね。例えば、直近取れたデータでは朝の４～５時頃が鯉が最も活動的になることが分かりました。それは熊田さんの実感と同じで、だからこそ朝の給餌が大切だということです。数字で示されたものをどう現実社会と紐付けて対応していくか、そこがこれからの課題ですね。

農業の新しいカタチを創る、社会的要請に応える農業経営をめざして

農業法人 株式会社サラダボウル
代表取締役　田中 進 氏

農業の新しいカタチを創る、社会的要請に応える農業経営をめざして

**農業法人 株式会社サラダボウル
代表取締役　田中 進 氏**

田中氏は、2004年金融・保険業界から一転、農業法人サラダボウルを起業。以来、トマトを中心とした農産物の生産・販売を軸に、加工、小売り、農業経営コンサルティング等の事業を展開し、サラダボウルグループとして、山梨県北杜市、兵庫県加西市、岩手県大船渡市などに生産拠点を設けている。めざしたのは「農業の新しいカタチを創る」こと、そして「農業で幸せに生きる」こと。田中氏に自らの農業経営についての考え方と、今後の展望を尋ねた。

社会の変化と「農業の新しいカタチ」

——「農業の新しいカタチ」ということを提唱されています。

　サラダボウルを始めるときに、「農業の新しいカタチを創りたい」という思いが強くあって、会社を設立しました。その思いは、今も変わりません。

　実際、農業の形はどんどん変わっています。それは、農業というものが社会の仕組みの一つであり、その社会そのものが大きく変わっているからなのだと思います。農業は食べ物を作るという仕事として存在してきたわけですが、こうした食とか健康とか、また地域とか、社会の他のいろいろなカテゴリとつながり合っています。その社会の仕組みそのものが大きく変わってきているので、農業も変わってきたのだと捉えています。

田中 進 (たなか すすむ) 氏
農業法人株式会社サラダボウル
代表取締役

　たとえ、地方で農業をしていても、会社規模が小さくても、海外と比較的容易に取引ができるようにもなりました。私が何かをしたわけではなくて、社会の仕組みが大きく変わり、こうしたことが簡単にできるようになっただけです。社会の変化によって、私たちにもできることがどんどん増えてきていると思います。

　私が若かったときには一刻も早くこの田舎を抜け出したいと思ったものです。東京に行きさえすれば、都会に出さえすれば、そこで夢がかなう、成功すると思っていました。ところが今や、時代が変わって、どこにいても、できること、やれること、チャンスは、まったく変わらなくなってきました。

── 時代の変化で社会が変わり、それが農業を大きく変えていっているということでしょうか。

　それは農業だけに限らないと思います。例えば全産業で働き方改革の必要性が叫ばれる中、「会社に出社しなくても、場所を選ばずどこでもしっかりと仕事ができるようになった」のと同じです。ハード・ソフト面で社会インフラが大きく変わり、産業が育つのが難しいと思われた地域が豊かな地域になったというようなこともあります。

そのひとつの例が、レタスの大産地、長野県川上村かもしれません。道路が整備され、冷蔵トラックが走るようになって、日本で最も条件よく夏の高原レタスが供給できる場所になりました。物流という要素が整ったときに大きく変わりました。

農業の変化とテクノロジーの活用

—— 農業の変化を実現する力は何でしょうか。

世の中がどんどん変化し発展していく段階では、それを妨げる要素はむしろ「内側」にあるのかもしれません。リスクに挑戦することを恐れたり、現状を守ろうとしたりする考えが、変化や発展を妨げることがあります。

「農業は 30 年遅れている」とも言われますが、だからこそ実は一気に「30 年飛び越えられる」業界ではないかと思っています。「遅れている」という危機感があったり、いろいろなことに挑戦してこなかったことでかえって新しい技術を受け入れやすかったり、変わることができるかもしれません。農業は、そのような可能性を持った産業だと思います。危機感を持っているところが一気に最先端に行けるエネルギーがあるかも

サラダボウルグループの温室（東京ドームとほぼ同じ敷地面積をもつ）

しれません。

—— 農業の新しいカタチを創る際に大事なポイントは何でしょうか。

　様々な取り組みが農業の革新につながりにくかったのは、情報のネットワーク、つまりつながりに課題があるからです。そこが速く正確になって欲しいのです。実際に農作物が作られている現場の正しい情報をリアルタイムに取得し、それをきちんと生産、流通の中で活かしていくことをやりたいのです。最近の言葉でいうと「データドリブン」（データ駆動）でしょうか。「データドリブンマネジメント」ができるかどうかが重要だと感じています。

　データを取得するところから始まり、きちんとデータを考察し、分析して活かしていくということをしたいのです。

　遡ってみると、日本の農業は情報流通が遅れている産業の1つと言われていましたが、生産から流通、消費に向かうモノの流通の仕組みはあるのです。ただ、それを結ぶ情報のリアルタイム性や正確性が欠けていたので、十分機能していなかったのだと思います。

—— 社会が変わり流通構造も変わってきています。そのなかで正確な
　　情報流通というものが極めて重要になっているということですね。

　そうです。流通構造は社会的要請があって、その時代に相応して作られていくと思います。大切なのは、そこで、どういう価値を提供できるかです。「フードバリューチェーン」といわれるように、食品流通も各段階で付加価値（バリュー）を連鎖させたものに変わりつつあります。消費者に野菜・果物が届くまでには、農産物を作る農業、農作物を加工する会社、農産物・加工物を運ぶ物流会社、そして販売会社と多くの人々の手を経ています。それぞれのプレイヤーが連携して商品の価値を高めなければいけません。例えば、農産物の質を高める、魅力的な新商品を開発する、輸送コストを削減する、マーケティングで販売網を広げるなどです。これらの取り組みを結び付けるのが、「情報流」です。

—— 正確な情報がリアルタイムで流れていく、それをフードバリュー
　　チェーンとして活かしていくということですね。

　そうです。一例が、NTT アグリテクノロジーと進めている「収量予
測システム」です。この精度が高まれば、先ほど申し上げたことが相当
解決すると想定しています。そして、これがフードバリューチェーンの
起点になると考えています。

　収量予測システムというものは、まさに情報流の一丁目一番地です。
営業は、明日の出荷についてお客さまとコンタクトしますが、その前段
階で生産現場といくつもの確認が行われています。まず生産管理マネー
ジャーと連絡を取り、明日のトマトの収量予想を確認します。マネー
ジャーはその収量予測から、明日は収穫に何人必要かを割り出し、さら
にトラックを手配し、出荷までのプロセスをマネジメントします。こう
して情報を積み上げていきます。生産現場で起こっていること、販売で
起こっていること、物流会社から求められること、こうしたことが全部
時系列で積み重なっていきます。そこには AI で予測するのがいいこと
もあり、人の判断で最適化しなければいけないこともあり、いろいろな
要素がたくさん出てきます。

　これらの情報の精度を高め、バリューチェーンを確かなものにすべ
く、今、取り組みを進めているところです。

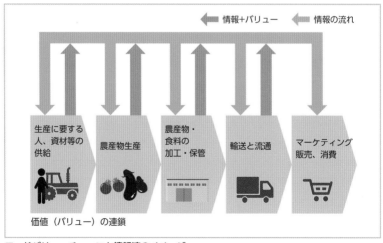

フードバリューチェーンと情報流のイメージ

ネットワークカメラで実の状態を撮影し、AI で収穫量を予測する

—— 農業は自然を相手にしているので、情報流は製造業とは異なるの
　　でしょうか。

　製造業も一緒だと思います。確かに製造業のほうがコントロールしや
すいこともありますが、逆にコントロールしにくいこともあるのではな
いでしょうか。

　例えば冷夏になったらビール会社は製造や販売に影響が出ます。原材
料をたくさん用意していたり、販売計画を立てたりしているわけですか
ら。同様に、自然災害が起こって製造に必要な部材料の供給が止まった
ら、製造そのものが全部止まるわけです。

　どの産業でも、こうした自然環境に影響を受ける難しさはあるわけで
すが、農業の場合も、他の産業と同様に農業特有の要素があるだけだと
考えています。農業も製造業も市場原理がベースにあり、需給のマッチ
ングが重要だと思っています。ただ、需給のマッチングを図るうえで農
業は農産物を生み出すサイクルに固有のものがありますので、製造業と
特性は違います。

　私たちは農業の特有の要素をふまえ、情報のリアルタイム性と正確さ
を重視していきたいと思っています。

● 農業を経営としてマネジメントする

—— 農業が経営として成り立ち、継続できる事業にしたいということ
を常に強調されています。

　弊社にも、毎年新卒が何人も入社してきます。大学、大学院を卒業し
た人たちが働いていて、この規模の会社の割には、学卒、院卒の比率は
結構高い方ではないかと思います。

　それだけの人材が来てくれるのは、仕事にわくわくし、チャレンジを
してみたいと思えることに加え、同時に安心して生活ができる、将来を
見据えられるということも大きいと思います。それには農業経営として
基盤が安定していること、成長していること、普通の働き方や生活がで
きることが前提にあります。

　うちの社員は、普通に週休2日で8時半ぐらいに会社に来て夕方5時
半には帰っていきます。創業したばかりの頃は前の日と次の日の境目が
分からないぐらい、畑の上でずっと仕事をやっていました。今はそれで
は若い人は農業に来てくれないと思います。

サラダボウルグループで働く人たち

—— 農業でも一般の企業のように働き、普通に生活できる基盤を確立していくためには、一般の企業で行われていることを実践していくことが必要であるということですか。

　私たちはそう考えています。農業でも、一つの経営体として経営管理、販売促進、労務管理、技術導入などを実践し、マネジメントしなくてはなりません。農業も他の産業と何ら変わりません。

　農産物に対する様々な需要の変化が起きるなかで、それに対応する生産の進化が求められるようになっています。そういう社会的要請に応じて農業法人というひとつのカタチが登場して、さまざまな取り組みが行われているのだと思っています。

—— 農業でも一芸に秀でた「匠」ということが言われています。

　匠は作りたいと思います。大きい規模だから匠になれないわけではないと思っています。匠の技をむしろ自分たちの標準にするということが、めざすべきところです。

　例えば自動車産業ではトヨタ・カンバン方式というものが確立され、自働化とかジャスト・イン・タイムが行われています。AI ロボットが

トマトの品質も「匠」をめざす

生産するようになっても、トヨタの優れた技術はそこに継承されていくと言われています。優れたものを作り、安全な仕事が確実にできるまで手作業で作り込んで、それを徹底的にシンプルにスリムにフレキシブルにして、簡単で安い設備で不良が出にくくするところまでみがき、その匠の技を全員のものにする。私たちも、その姿をめざしています。

―― 匠を実現するために必要なひとつの要素がテクノロジー。同時に、経営の力が必要だということですね。

　そうです。地方で素晴らしい特産品を作っている匠たちがいます。その人たちと同じ情熱を持って、私たちも価値を創造していきたいと思います。
　自分たちがどれだけ匠になっていくか、その匠の技をどのように皆ができるようにするかということは、事業の仕組み、経営管理のそのものになると思います。それを推進するのに、テクノロジーは大いに役立つでしょう。

農業経営とマネジメントの重要性

―― テクノロジーの活用は農業の生産過程でも進めていくわけですね。

　ずっと思っていることは、テクノロジーは人を幸せにして、社会や地域を豊かにしないと意味がないいうことです。私自身これまでそれらを活用する取り組みをやってきて強くそう思いますし、これからもその可能性を追求していきたいと思っています。
　また、農業は大胆な新しい取り組みによってもっともっと収益力が上がると思っています。他の産業と同じように、農業経営も売上は「単価×収量」で決まります。単価を上げる取り組み、つまり品質を高めるような取り組みにも、収量を上げることにもテクノロジーが寄与します。
　そして、どう利益率を高めるかは、原価のコントロールも重要になりますし、生産工程管理、特に品質管理や労務管理などに「デジタルファーミング」、いわゆるテクノロジーを活用した農業経営を実践していきたいと思います。そこを標準化できれば1つのメソッドになると思っています。

人が得意とする部分と、テクノロジーが得意とする部分とは違います。テクノロジーを活用して単価や収量を上げたり、コストを下げたり、反面、気配り、心配り、おもてなしというものは、なかなかAIとかにはできないことでしょうから、そこは人がやっていく。そうすれば自ずと農業が産業として良くなっていくと思います。

生産者が収穫しやすい高さを保つことで生産性を向上

―― 「デジタルファーミング」とは、農業を経営の観点からきちんとやっていく、農業というものを科学的にきちんとやっていこうということですね。

そうです。基本的にはどの仕事でも一緒だと思いますが、ファクト、つまり事実に基づいて経営をしていきたいと考えています。事実をどう捉えて、どのようにより良くしていくか。事実を正確に捉えるところから始め、改善を繰り返し続けていかないとうまくいかない、それは他の産業でも農業でも何ら変わらないと考えています。

―― ファクトとは、言い換えれば社会的要請をちゃんと見極めるということでしょうか。

そうですね。現場の事実、これこそものづくりの原点だと考えています。そこからはじめて創意工夫が生まれて、改善へとつながっていく。そこには感情とか思い込みとか勘違いとか、いろいろなものを排除する必要があります。戦略を作るためには、まず現場の事実をきちんと見て打つべき次の最善の一手を打てるようになりたいと思っています。事実をより正しく、精度高く、リアルタイムに捉えることが、社会的要請に応えるためにも大事だと思います。

地域からの挑戦と革新で
日本農業の活性化へ

株式会社 NTT アグリテクノロジー
代表取締役社長　**酒井 大雅** 氏

地域からの挑戦と革新で
日本農業の活性化へ

株式会社 NTT アグリテクノロジー
代表取締役社長　酒井 大雅 氏

NTT グループで初めての農業専業会社「NTT アグリテクノロジー」が
2019 年 7 月に設立された。代表取締役社長の酒井氏は、「効率的で安心
安全な新しい農業を追求していきたい。事業を通じて農業だけでなく地
域経済の活性化や豊かな街づくりに貢献していきたい」「そのために、
多様なパートナーと協働していきたい」と述べる。

農業の活性化が地域づくりに不可欠

―― 2019 年 7 月 1 日に NTT グループ初の「農業 × ICT」専業会社と
して、NTT アグリテクノロジーが誕生しました。まずはどのよう
な会社なのか、概要をお聞かせください。

　NTT アグリテクノロジーは、地域の一大産業である農業において、
NTT グループが強みとする ICT を活用し、新たな可能性や価値を見出
しながら、実際に農産物の栽培から販売まで行う「農業生産法人」とし
て設立しました。IoT、AI などの先端技術を活用した高度な環境制御や、
環境・生育データの分析による収量予測などを実装する大規模な温室を
自ら整備し、栽培の高度化はもとより、最適な労働環境や適正な労務管
理などを実現する、安心安全で効率的な生産現場の確立をめざします。
また物流や加工、販売といった食農のサプライチェーンの最適化にも取
り組み、持続可能な"新しい農業のあり方"を地域の皆さまと追求して
いきます。事業を通じて、農業だけでなく、地域経済の活性化や豊かな
街づくりに対して役割を担うことを目標としています。

酒井 大雅 (さかい たいが) 氏
株式会社 NTT アグリテクノロジー
代表取締役社長

—— 設立に至った背景や理由などについてお聞かせください。

　NTT グループ、なかでも地域の通信事業会社である NTT 東日本は、これまでも生産者、自治体や農業関係者との交流のもと、農業に関する課題解決や成長目標の実現に向け、さまざまなプロジェクトを共に取り組んできました。その中で、農業が地域を支える重要な産業であるとあらためて感じています。また同時に、少子高齢化や国際競争の激化といったさまざまな課題を抱える中、生産者はもちろん、JA や自治体などさまざまな立場の方々が解決に向けて奮闘されている姿も目の当たりにしてきました。

　特に農業従事者は約 30 年間で半減、60 歳以上の割合が 35% から 80% にもなり、平均年齢は 2019 年で 67 歳[*1]と、国内の他の産業と比較しても急速に人材不足と高齢化が進んでいます。このままでは、日本の食糧生産は危機的状況に陥ると考えられ、「生産性向上」や「省力化」などを通じ、事業としてしっかりと利益を確保できる「持続可能な農業」を実現するとともに、マーケットのニーズに的確に応えていくことが求められています。

---

*1　農林水産省『農林業センサス』

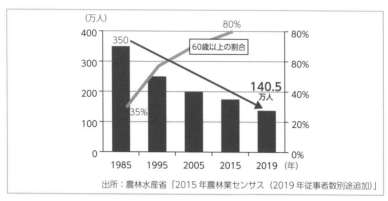

出所：農林水産省「2015年農林業センサス（2019年従事者数別途追加）」

高齢化等に伴い約30年間で農業従事者数は半減

　一方で、新しい農業のあり方をめざした革新的な取り組みが広がりつつあります。2009年の改正農地法の施行ともあいまって、担い手農家の農業法人化・大規模化や企業参入が進み、約30年間で法人数は7倍以上に増加しました。こうした変化の中、農業においても新たな枠組みが求められ、ICTを活用した生産性向上の仕組みや、従業員の労務管理などにおいて、他の産業同様にテクノロジーの活用が進みつつあり、NTT東日本にもさまざまなご相談が多く寄せられるようになりました。

　しかしながら、一言で「農業」といっても、栽培する農産物の種類も違えば、栽培施設やノウハウも違います。気候や土壌、ブランディングなどにおける地域的な差異もあります。そのため、案件によって状況も課題も、そして解決策もそれぞれ異なります。そこで、私たちは、単に農業向けソリューションを提供するのではなく、まず自らも農業に取り組み、生産者と同じ苦労や喜びを感じ取りたいと考えました。また、ICTを活用した効果、実績を自分たちで出さないと、生産者の方に自信や説得力をもって紹介できません。こうした思いから会社を設立し、事業として本気で取り組んでいこうと思ったのです。

　これまでの活動の中で共通して見えてきたのは、「農業」という産業が地域の文化や経済と密接に結びつき、重要な役割を果たしているということです。

　日本には「農村」という言葉があるように、農業を基幹産業として、社会やコミュニティが成り立っている地域も少なくありません。周辺の第二次・第三次産業と連携して、独自の経済圏を成しているところ

出所：農林水産省「認定農業者等に関する統計」「担い手をめぐる情勢について」

担い手農家の法人化や改正農地法に伴い約 30 年間で農業法人数は 7 倍以上

　もあります。いずれにしても、一次産業、農業の活性化がこれからの地域づくり、国づくりにとって不可欠であり、通信が社会インフラといわれるように、農業も地域にとり重要なインフラであると認識するに至りました。

　もともと NTT 東日本は農業だけでなく、地域の暮らしや産業における課題解決をミッションとして事業を展開してきました。いわば地域の課題の一つとして、農業が抱える課題解決にも取り組んできたわけです。そして、農業側からアプローチした場合でも、そこにある課題解決に取り組めば、そのまま地域の活性化に直結するという確信を得ることができました。

　地域からの農業の活性化は、日本全体の活性化につながるという実感を持っています。こうした思いの中、地域に拠点を構える企業として、担うべき役割、担える役割があると信じ、会社としても取り組みを一層積極的に推進していきます。とはいえ農業は関連産業も含めると裾野が広く、NTT グループ単独で課題解決を実現することは困難です。そこで、農業についての豊富な知見や先進的な考え方を持つパートナーと強固な信頼関係を築き、協業していくことが不可欠と考えています。自らも圃場を運営すること、会社を設立し農業の専業会社として事業に真剣に取り組むことが、こうした関係を構築していくにも必須だと判断したわけです。それが NTT アグリテクノロジー設立の起点となりました。

自らのファームで「次世代施設園芸」に挑戦

——「次世代施設園芸」について教えてください。また、具体的にどの
ようなことに取り組むのでしょうか。

　「次世代施設園芸」とは、大規模な温室にて、ICT などを活用し複数
の環境因子（温度、湿度、二酸化炭素量など）を組み合わせて制御する
ことにより、周年・計画生産の実現や、収量を向上させる農業を総称し
ています。

　特長を3つあげますが、どれも NTT グループで培ってきた事業と親
和性があり、より新しい価値を生産者に提供できるように努力を重ねて
いきます。

　1つ目は、高度な環境制御技術の導入による生産性向上です。

　農産物は光合成に適した環境をいかに整えるかによって、収量が大き
く変わってきます。温度や湿度、二酸化炭素量、日照量などさまざま
なファクターが関係しているので、それをテクノロジーによってコント
ロールしながら最適化を図ろうというわけです。

　当然ながら、栽培する作物、品種によって最適な環境は異なり、味や
大きさなどの品質にも考慮する必要があるので、絶対的な標準化という
より、さまざまな要件に合わせて柔軟に最適解を見つけ、それを実践す
ることがカギになります。技術的には IoT センサーなどによって生産
現場の環境情報をリアルタイムで正確に把握し、AI などで最適値を見
つけ、さまざまな ICT 技術で最適な環境を保持するためのコントロー
ルを行います。そうすることで、作付面積あたりの収量を増やしたり、

高度な環境制御技術の導入による生産性向上	ICT を活用して複数の環境因子（温度・湿度・CO_2 など）を組み合わせて制御することにより、周年・計画生産を実現し、収量を飛躍的に向上。
雇用労働力を活用した大規模経営	作業計画の策定・見直し、従業員の適正配置や作業の標準化などにより、雇用労働力を活用した効率的な生産を実現し、経営規模を拡大。
地域エネルギーの活用による化石燃料依存からの脱却	地域エネルギーを活用し、化石燃料依存から脱却することにより、経営を安定化。

※農林水産省資料「施設園芸をめぐる情勢」をもとに NTT 東日本が作成

次世代施設園芸の特徴

収穫作業がし易い環境を整えるなどして、トータルの生産性向上を実現します。もちろん、事業として成り立たせることが不可欠なので、"最適化"には費用や投資対効果の要素も含まれます。

　2つ目は、雇用労働力を活用した経営と、それに伴う労務管理や工程管理の最適化です。「次世代施設園芸」で経済的効果を最大化するためには、ある程度の規模で栽培することが望ましいです。そうなれば、家族経営ではなく、企業組織化による雇用が必要となり、必然的に労務管理や工程管理の最適化が求められます。

　先ほど少子高齢化によって農業従事者の減少が進んでいることを紹介しましたが、それは日本全体の問題であり、人材確保はますます難しくなっていくことは間違いありません。貴重な人材を最大限に活用するためにどうするべきか、これまで以上に考える必要があります。さらに、日々の作業量が想定しにくいという農業特有の事情から、適切なシフト管理も重要です。また、特にハウスの中は農作物にとっては最適でも、年中高温多湿なため人間にとって身体に負担がかかる環境となることが多く、安心安全な働き方を見出す必要もあります。

　社会全体で働き方の多様化が進み、ジョブシェアリングといったモデルが登場していますが、農業にも同様の傾向が訪れると考えられます。すでに女性やシニア、障がい者、外国人技能実習生などの雇用が進んでおり、職場のダイバーシティ化は当然のものとなりつつあります。それぞれの事情や働き方のニーズが異なる人材に柔軟に対応し、快適に働けるような仕組みはこれまで以上に求められることになるでしょう。当然、他の業界においても共通する課題ではありますが、自然という不確定要素が影響する農業では、労務管理や仕事環境の最適化はより重要なものとなります。だからこそチャレンジする価値があり、テクノロジー活用の意義は大きいと思います。

　最後の3つ目が、地域エネルギーの活用による化石燃料依存からの脱却です。「次世代施設園芸」のような大規模な温室では、例えば、加温のための熱源供給などを行います。これまでは主として化石燃料を用いてきましたが、経費に占める光熱費の割合が高くなることに加え、国際情勢の影響を受けやすく、常にリスクとなっていました。また、2019年秋に日本を襲った大型台風の際は、長期停電が発生し、栽培に関する設備が動かなくなり「大変困った。温暖化による気象リスクの対処につい

ても相談したい」という生産者の声をいただきました。そこで、地熱や木質バイオマス、更には自治体の清掃工場の排熱といった地域エネルギーを地産地消する循環を農業にも活用していきたいと考えています。

　地域の皆さまの利益、合意形成が大前提ですが、これには、新たなエネルギー流通の仕組みの創出をめざし、各地域で実績を積んでいるNTTグループのスマートエネルギー事業会社のノウハウを取り入れるなど、既存のリソースやアセットをうまく活かしていければと思っています。

　こうした3点について、まずは自らのファームで実践し、ICTの効果や効用を確認し、投資対効果も見極めつつ、「次世代施設園芸ソリューション」として確立させた後に、生産者に紹介、提供していければと思います。その第一歩が、山梨県内に約1ヘクタールの農地を確保して建設中の次世代施設園芸の運営です。2020年1月に起工式を行い、2020年内の竣工、栽培開始に向けて、いよいよスタートしました。またこうした農業の実践におけるノウハウや知見を補完する必要があるため、すでに豊富なノウハウをもって次世代施設園芸に取り組む株式会社サラダボウルと協業し、農業やICTに関する知見を相互共有しながら、実証を進めていきます。

写真はイメージ

写真はイメージ

——「次世代施設園芸」に先駆的なモデルはあるのでしょうか。

　日本国内で「次世代施設園芸」に取り組む生産者は徐々に増えています。今回協業するサラダボウルグループをはじめ、それぞれが創意工夫をもって事業を営まれています。

　「次世代施設園芸」という言葉は、農林水産省が使っており、そのベースには、国をあげて農業に力を入れてきたオランダの取り組みがあります。

　大規模農業というと、米国やオーストラリアの巨大な圃場で行われている機械化農業を想像する方もおられると思いますが、施設園芸分野においては、オランダやスペインなど欧州で行われている「次世代施設園芸」や、灌漑技術が進むイスラエルがひとつのお手本になるかもしれません。

　例えばオランダは九州くらいの面積で人口が1700万人ほどの規模の国ですが、農産物の輸出量は米国に次いで世界第2位を誇ります。海抜ゼロメートル以下が国土の約1／4を占めるなど、決して農業に適しているとはいえない環境ですが、それを危機感にして、バネにして、生産の効率化や技術革新を行い、強固な産業としての基盤を確立しました。

まさに先ほど紹介したような高度な環境制御技術の導入や、雇用労働力の最適化などに、さまざまなテクノロジーを活用するなど創意工夫の連続と国をあげた取り組みの賜物です。

　私も、ビジネスミーティングで現地へ行き、オランダ農業を目の当たりにしましたが、その迫力は相当のものであり、日本の農業でもまだまだ工夫できることがある、伸びしろがあると刺激を受けました。

　一方、単にオランダの「次世代施設園芸」を日本に持ち込むだけでは、無論うまくいきません。日本との天候や、台風、高温多湿、病害虫といった環境面の違いや、マーケットに合わせたチューニングを進めていく必要があります。また、オランダは平坦で広大な農地が多く確保できるため、数十ヘクタールというような広大なスペースに巨大な温室が立ち並ぶ光景を見ることができます。ただ中山間地が多い日本の国土では、それだけ広大な農地を確保するのは難しいといった事情もあります。こうした環境下でも、投資回収ができるのかどうかといった“現実性”も考えながら自らのファームで検証し、成果を出すことが今後の課題となります。その上で、日本が誇る高度なテクノロジーやインフラ、地域性や国民性などを考慮しながら、また組み合わせながら、日本ならではの強みや特長を出していくことが目標です。

写真はイメージ

写真はイメージ

⬤ 「農業を基点とした街づくり」で役割を果たしたい

―― 「次世代施設園芸」の価値を広げ、農業の生産性や競争力向上につなげるためにはどのような取り組みが必要なのでしょうか。NTTアグリテクノロジーとしてのビジョンをお聞かせください。

　私たちの会社は、地域の成長なくして存在することはできません。

　そのため、最終的に成し遂げたいことは、まさに地域づくり、街づくりに自ら役割を持ち関わることなのです。農業はその大きなきっかけになる可能性を秘めています。

　例えば、ある地域に農業法人が進出する場合、物流、加工、倉庫やエネルギーなどのインフラを自ら用意する必要があり、相応の施設規模である「次世代施設園芸」では準備に一定の投資が発生します。そこで、NTTアグリテクノロジーが自治体や地域の企業と連携して、物流やエネルギー、インフラなどを準備し、複数の生産者にエコシステムとしてシェアすることも考えています。実際そのような相談を何件かお受けしています。

　それが実現すれば、複数の事業者が集まって地域ブランドを創出するような「農業クラスター」へと発展させることができるでしょう。そし

て、その農業クラスターに学術・研究機関や加工品メーカーなどの第二次産業が集まり、さらに文化が生まれ、観光価値が創出されていけば、第三次産業まで取り込んだ巨大な「フードクラスター」を実現できるでしょう。

オランダでも、例えば農業分野の研究教育で知られるワーヘニンゲン大学を中核とした「フードバレー」と呼ばれる農業と食品の産業クラスターが形成されており、多様な研究・事業化プログラムが推進されています。そのクラスターには食品の企業が70社以上、関連企業が約1400社、研究者が約1万5000人も集結しており、その規模が想像できるかと思います[*2]。

また、韓国はパプリカの生産が盛んですが、その約6割が国策として支援したクラスター地域で生産されています[*3]。日本でもスーパーマーケットでパプリカを見かける機会が増えてきましたが、約9割が輸入[*4]されたもので、その8割近くは韓国産が占めています。

「農業を基点とした街づくり」のような話をすると「夢物語だ」と思う方もいらっしゃるかもしれません。しかし、オランダも農地はもともと干拓地で、決して初めから農業に適した国だったわけではありません。農業に厳しい環境のもと、磨き上げた技術で世界第二位にまで上り詰め、いまや「ヨーロッパの夏の食料庫」とまでいわれています。

それを考えると、世界にも稀な少子高齢化という状況を招きつつある日本で、「少人数で多くの収量をあげられる持続可能な農業」を実現させるために必死に取り組めば、それは必ずや大きな実を結ぶことになると思います。

幸い日本はさまざまなインフラがすでに整い、教育や技術なども優れたものを数多く保有しています。既存の財産の上に、たゆまず挑戦と革新を続けることで何らかの打開策が見つかると信じています。

世界に目を向けると、日本とは異なり、今後爆発的に人口が増え、深刻な食料不足に陥ることが懸念されています。その時までに自国だけでなく、世界に対しても食品生産のノウハウを提供できる国になってい

---

*2 『Study on Investment in Agricultural Research:Review for The Netherlands ;2014』（Impresa）

*3 『野菜情報 2019年1月号』（農畜産業振興機構）

*4 農林水産省ホームページ（https://www.maff.go.jp/j/heya/sodan/1506/01.html）

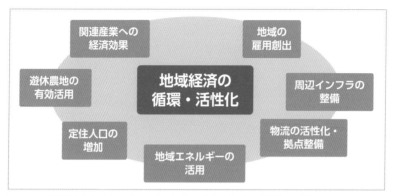

農業×ICTを軸とした新しい「街づくり」・「食農ビジネス」の発展をめざす

るること、また食料を提供できる国になっていること、それによって信頼され、頼りにされる国として、日本の存在感を発揮できるようになる。NTTアグリテクノロジーは、その一翼を地域の皆様と共に担っていきたいと考えています。

Interview

新しい農業を IoT が生み出す
地域連携で豊かな村づくり

東京大学教授　溝口 勝 氏

インタビュー

新しい農業を IoT が生み出す
地域連携で豊かな村づくり

東京大学教授　溝口 勝 氏

専門の土壌物理学の研究のため、早くから IoT を実践していた溝口教授は、現場に根差した IoT の活用こそが新しい農業を生み出す力であり、日本農業の課題解決につながる力だと述べる。各地で行われている様々な IoT 導入事例を評価し、若手農業者を中心に全世代が一致団結して農業 IoT を実践できる環境の整備を進める必要があると述べる。

溝口 勝 (みぞぐち まさる) 氏
東京大学大学院
農学生命科学研究科 教授
農学国際専攻長
国際情報農学研究室

東京大学農学系研究科農業工学専門課程 (農学博士) 修了。国内外の農地で観測機器を用いて気象と土壌のデータをインターネット経由で集める農業 IoT 研究に早くから取り組み、スマート農業をリードする ICT 営農支援システムや地方の高度通信インフラ整備の重要性を説いている。

🔘 農業分野では必須の IoT 活用

—— 土壌物理学の研究で、早くからセンシング技術に着目し、IoT を
　　活用していたとお聞きしています。

　土壌物理学の中でも、土中での水分移動や熱移動の研究が中心で、特
に水が凍っていく過程での水分の移動と熱の移動を研究していました。
研究ではシベリアの凍土調査に行ったり、一転して熱帯の土壌調査にも
行きました。2006 年には、タイの山奥の土壌データと画像を取り出す
ために、電気もないところで、インターネット環境を作るところから始
めて土壌センサーによる IoT 実験に取り組み始めました。

—— 土壌の分析は農業に直接影響するわけですね。

　たとえば、未開地の農業プロジェクトで灌漑技術を導入できたとし
て、水がちゃんと現場に届いているのかどうかをチェックするのにはセ
ンサーがあればいいわけです。土壌水分センサーを使って、田んぼに水
が来ているとか畑に水が来ているということを検知して、そのデータが
手元で見られれば、ちゃんと灌漑できていることが分かるわけですね。
農業の最も基本的なところですね。

　日本では、嬬恋のキャベツ畑の中の土の水分がどう変化するか、温度
がどう変化するか、土壌センサーを使ってインターネット経由で生育環
境を可視化して管理する実験もやりました。

シベリア（ロシア・サハ共和国チクシ）での
ツンドラ凍土調査

タイ（コンケン）での IoT 実験

──── それは、農業分野で最も基本的なことになるわけですね。

　土壌データなしに農業はありませんからね。IoT といえば、それ以外にも、農業分野では多種多様な使い方があります。研究室の手元のスマートフォンから福島県飯舘村にある農場の牛舎の様子がリアルタイムで分かります。もちろん、これも IoT です。牛が餌を食べている様子がカメラの映像で分かります。牛舎に取り付けてあるカメラをスマートフォンで操作して運動場の方に切り替えて、親牛の様子をクローズアップして観察することもできます。画面を切り替えれば、サーモグラフィーで子牛の体温が瞬時に分かります。健康状態を観察し病気を未然に検出することができます。もちろん、牛舎の温湿度、餌のデータなどもすべて保存されています。牛の肥育に関する様々なデータや画像・映像、インターネットさえあれば、現場と離れていても牛の観察、飼育をかなりのところまで支援することができます。

　なお飯舘村では、水管理の IoT システムも作っています。そのときは、Wi-Fi 技術を用いて水口の水門を遠隔から動画で確認しながら水管理できるようにしました。

──── 農業に一生懸命に取り組んでいる農家にとっては、今すぐにでも
　　　欲しいですね。

　やる気のある農家はみんな一生懸命です。ICT の知識をみんなが持っているわけではないと思いますが、IoT の効用を知り、予算に余裕があれば、絶対使ってみたいはずです。

IoT で牛舎の子牛を遠隔地から観察
（福島県飯舘村）

左の写真の子牛をサーモ画像で見たところ

　農業 IoT の取り組みにはいろいろありますが、まずはどこでも使えるように通信環境を整備し、どういう種類の IoT センサーがあり、どう活用すると効果が上がるかをキチンと伝えれば、チャレンジする農家が増えると思います。こうした事例の積み重ねや情報提供が大事だと思います。

—— 本書で取り上げた事例でも、みなさん、いろいろ工夫して IoT に取り組まれています。

　静岡県浜松市のクレソン栽培の取り組みは、感心しました。クレソンは日本ではまだ比較的新しい野菜なので栽培法が確立されているとはいえないなかで、独自にいろいろ工夫して美味しいクレソンを安く提供したいという一念で研究を続け、特に水の量と流れが生育に影響することを IoT で分析しています。そのデータを蓄積し、よりよい栽培法を見つける努力を続けているのは素晴らしいと思います。

　栽培法という点では、秋田県仙北市のシイタケ栽培も、繊細な菌床栽培をこれまでは農家の経験と勘に頼っていたものをもう一度、温度、湿度をはじめとするデータとリンクさせることで、科学的な栽培法を確立しようとするもので、これはシイタケ栽培に画期的な成果を生み出すものではないでしょうか。

　秋田県横手市のスイカ栽培では、摘果の時期を温度データを分析して正確に見極めようとしています。これは、スイカの品質、値段に直結するわけで、稼げる農業に向けた IoT のとても効果的な適用でないかと思います。

　神奈川県海老名市の養豚の事例も、先ほどの牛舎の例と同様、室温データを IoT で採ると同時にカメラで豚の群体をいつでもチェックできるようになることで、養豚家の労力が格段に効率化していますね。これもとても実用性が高いと思います。これまで、農家の大変な負担だったものが一気に省力化しますから、これだけでも農家は導入したいのではないでしょうか。

Wi-Fi カメラを用いた IoT による水門操作 (福島県飯舘村)

農業の課題解決につながる IoT

—— 高齢化・後継者不足をはじめ日本の農業は多くの課題を抱えていると言われています。日本農業の現状についてどうお考えでしょうか。

　確かに、多くの課題を抱えています。でも、私は、むしろ楽観的に考えています。今後、必然的に現在若手の農業者が台頭してきます。彼ら若手はデジタル世代でスマートフォンを使うのは当たり前ですし、いろいろな ICT、インターネットを使いこなせる人たちですから、当然、旧来のものを超えた発想とリテラシーで農業のやり方を考えます。彼らの存在を前提にした農業、彼らによるビジネスモデルが農業に生まれてくるでしょう。すでに、IoT を活用したさまざまな新しい取り組みが若手によって試みられているように、これまでの農業の在り方とは根本的に異なるものが始まろうとしています。

―― 本書で取り上げた事例でも、若手が中心になって新しい取り組み
　　を進めています。

　ICTやIoTあるいはクラウドなどのデジタル技術をあらゆる世代が
使いこなすようになるには少し時間がかかるでしょう。もちろん、ICT
について分かっている農業の経験世代の人は居ますから、そういう人は
「次の世代にとっては大事だから是非やってくれよ」と言ってくれるん
です。まず新しいテクノロジーとその意味を理解し、実践に移せる若い
世代に期待しているのです。そして、若い世代と経験世代がしっかり手
を組み、協力して新しい農業を進めていけば大丈夫です。日本の農業の
現状に悲観的なことばかり言う人がいますが、若い世代が出始めていま
すから、その人たちをコアにし全世代がまとまっていけば農業IoTは
一気に普及すると思います。

―― 若い人たちが中心になり経験世代とともに推進する新しい取り組
　　みこそ、次の農業を牽引するということですね。

　そうです。さらに言えば、子供たちが農業に関心を持つような、農業
IoT技術をもっと開発すべきだと、私は思っています。魅力ある農業の
将来像を見せなければいけないのです。

　たとえば小学校で、泥まみれで田植えをさせて、稲刈りは腰を曲げて
させている、これは昔の稲作の苦労を体験させる点では重要ですけど、
それが農業はつらい、きつい仕事なんだという印象だけで終わってしま
うのはよくないと思います。むしろ、ドローンやロボットやIoTといっ
たゲーム感覚で農業ができる、今は進化しつつある時代であることを子
供たちに見せるべきだと思うのです。昔はつらかった農作業が、技術の
進歩で今は楽になり、農業が楽しくなってきたことを教えるべきです。
教育界も巻き込んで、新しい農業の姿を伝え、夢を与えることが必要だ
と思います。

　たとえば、事例で紹介されている、高知県土佐市のナス栽培の実験
は、大型施設園芸でICTをフル活用して農業労働の安全を図ると同時
に、次世代の日本の農業経営のモデルを作り出す創造的なものですね。
こういう動きが始まっていることを是非、知って欲しいですね。

—— 農業は「きつい、稼げない」という見方に対し、「そうじゃないよ」
　　「普通の働き方で儲けることができるんだよ」ということを、若い
　　人たちが実践し発言し始めていますね。

　農業はやり方次第です。こんな楽しい職業はないと思います。農業を
「きつい、儲からない職業だ」と言う人は確かにいますが、農業という
ものは本質的に自分でいろいろなことをやることができます、自分で新
しいことを試し、創り出すことができる魅力ある職業です。
　私も昨年『ドロえもん博士のワクワク教室・土ってふしぎ?!』[*1]という
子供向けの本を出版しました。大切なのは、要するにわくわく感なんで
すね。子供のわくわく感を引き出したい。農業 IoT を通じて、農業っ
てこんなに面白いんだというようなメッセージを伝える。そういう意味
では、本書に掲載されているような新しい取り組みを見た若い人々、あ
るいはその地域で育った子供たちが、「自分もこんな方法で牛を育てた
い」「私も新しい作物を作ってみたい」と思ってくれれば、どんどんア
イデアが生まれ、新しい農業が生まれると期待しています。

◉ 農業のチャレンジと村づくり、街づくり

—— 別業界からの参入で農業の新しい取り組みが始まったり、農業の
　　6 次産業化を進める動きが広まっています。

　これは大変重要なことで、農業の新しい未来を拓く取り組みだと思い
ます。本書の農業 IoT の取り組みを進めている NTT 東日本が、グルー
プで初めて農業専門会社 NTT アグリテクノロジーを創設したのも、そ
うした流れでしょう。NTT 東日本のような地域通信の会社は、地域が
活性化しないと発展もないわけですから、農業分野をサポートし、さら
に一次産業分野で頑張って欲しいと思っています。
　「アグリテクノロジー」といっても NTT グループは最先端の情報通信
会社なので単なる農業生産だけにとどめることなく、さらに流通だとか
消費の段階、あるいは消費のときのフードロスだとか、そういったもの
に関する情報も含めて 6 次産業化を推進するような取り組みをしていっ

---

*1　東方通信社（2019 年）発行

嬬恋で実践した農村の IoT

て欲しいと思っています。

—— 生産に留まらず消費者まで含めて大きい IoT というか、つながり
　　ができれば農業とそのビジネスというものが変わっていきますね。

　その通りです。農業の位置づけが変わってきますね。それと、農業
IoT というと農業生産の側面ばかりを言っているように思えますが、私
はむしろ、農には「農業」と「農村」の両方があって、農業生産をする部
分とそこに暮らす部分という両方があると思います。ですから、その両
方を包含した「農村 IoT」というところまで、考えて欲しいですね。農
村における農的生活を支える IoT という考え方ですね。

—— 「農業」というものに必ずついて回る「生活」「暮らし」を IoT で支
　　えるということですね。

　農業は生活そのものです。それが基本なんです。農業を考える時、こ
の点を忘れてはいけません。人が大勢住んでいる都市部では優先的に情

報通信環境は整っています。

　農業 IoT が不自由なくできて、よい自然環境を活かせるような通信環境を農村部にもつくることが重要です。発想の転換をしないといけません。田舎は不便が当たり前だと、みんな思ってしまっているけれど、そうではないと思います。どこでも通信、どこでも電力、どこでも水力があったら、人間はどこに住んでもいいわけです。そこにインターネットがあれば、農業も生活も快適になり、みんな住みたいと思うようになります。

—— 農業の活性化は街づくり、人づくりにもつながるわけですね。本書の事例にも、IoT を導入し生産を効率化する取り組みで、農家のみならず、地方自治体、JA、地域の諸団体などと連携し協力するケースが紹介されています。

　いろいろなチャレンジをするには、地域の連携は絶対に欠かせません。農家のチャレンジを支え、いろいろな連携をする仕組みはとても大事なことです。

　私が特に強調したいのは、こうした挑戦的な取り組みは、自由な競争と連携の場があることが大事です。それぞれの持ち分を担い、協力しあって前向きにどんどん楽しくやっていって欲しいですね。これからの農業は生産に留まらず、こうした関係者の地域ぐるみの連携によって六次産業化したり、それをさらに流通や消費までカバーできるような方向にどんどん広がっていって欲しいと思います。

　その点、木更津市の取り組みは、農業へのイノシシ被害対策から始まり、IoT の活用をテコに、自治体を含め地元のいろいろな業種の人々の連携と協力によって、ジビエ産業の確立という新次元にまで広がっているユニークな取り組みだと思います。

　農業は地域の基幹となる産業ですから、ここでの IoT の活用による困りごとの解決や新しい挑戦は農村を豊かにし地域全体の活性化を生み出します。そして、地域の人々が連携し、協力することは新たな人づくりにもつながると思います。

監修・執筆・編集者等一覧

● **監修**
東日本電信電話株式会社（NTT 東日本）

澁谷 直樹

滝澤 正宏

加藤 成晴

阿部 正和

株式会社 NTT アグリテクノロジー（NTT アグリテクノロジー）

酒井 大雅

● **編集**
テレコミュニケーション編集部

土谷 宜弘（企画・編集）

翅　力（編集）

太田 智晴（編集）

伊藤 真美（執筆）

中村 仁美（執筆）

高橋 正和（制作編集）

野潟 秀之（写真撮影）

制作協力

株式会社トップスタジオ

畑 明恵、大垣 好宏（制作進行）

トップスタジオ デザイン室 阿保 裕美（装丁、紙面デザイン）

岩本 千絵（DTP）

本書に関するお問合せについて

● 本書の内容全般に関しては、リックテレコム（お問合せ先は、本書奥付に記載）までお願いいたします。

● 本書記載の事例に関する内容については、以下までお願いいたします。
株式会社 NTT アグリテクノロジー
URL：https://www.ntt-agritechnology.com/
メールアドレス：contact@ntt-agritechnology.com

一次産業の課題解決へ地域IoT

農業、林業、畜産業、水産業から始まる街づくりへの挑戦

2020年 3月10日 第1版第1刷発行
2021年 1月20日 第1版第2刷発行
2023年11月15日 第1版第3刷発行

編　者	テレコミュニケーション編集部	
監　修	NTT東日本・ NTTアグリテクノロジー	

発 行 人　土谷宜弘
編集担当　翅　力
発 行 所　株式会社リックテレコム
　　　　　〒113-0034
　　　　　東京都文京区湯島 3-7-7
　　　　　振替　00160-0-133646
　　　　　電話　03（3834）8380（代表）
　　　　　URL　https://www.ric.co.jp/

制作・組版　株式会社トップスタジオ
印刷・製本　シナノ印刷株式会社

● 訂正等
本書の記載内容には万全を期しておりますが、万一誤りや情報内容の変更が生じた場合には、当社ホームページの正誤表サイトに掲載しますので、下記よりご確認ください。

＊正誤表サイトURL
https://www.ric.co.jp/book/errata-list/1

● 本書の内容に関するお問い合わせ
FAXまたは下記のWebサイトにて受け付けます。回答に万全を期すため、電話でのご質問にはお答えできませんのでご了承ください。

・FAX：03-3834-8043

・読者お問い合わせサイト：
https://www.ric.co.jp/book/のページから「書籍内容についてのお問い合わせ」をクリックしてください。

製本には細心の注意を払っておりますが、万一、乱丁・落丁（ページの乱れや抜け）がございましたら、当該書籍をお送りください。送料当社負担にてお取り替え致します。

ISBN978-4-86594-213-2
Printed in Japan